AF493826

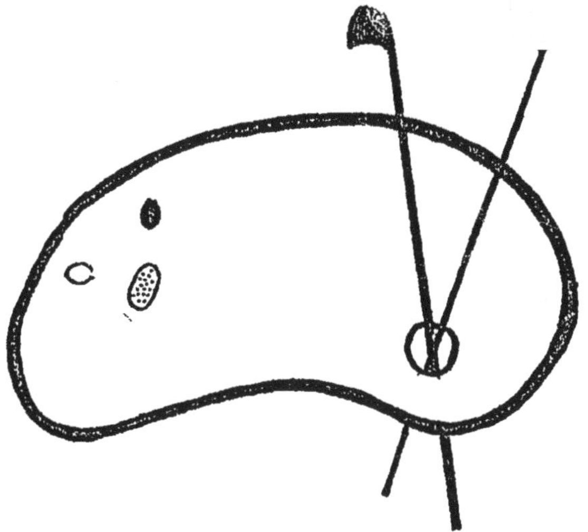

LES BASSINS HOUILLERS
DU
NORD-OUEST DE L'EUROPE

LES MINES D'ANZIN

ÉTUDE HISTORIQUE ET TECHNIQUE

PAR

A. GARCENOT
INGÉNIEUR

PARIS
IMPRIMERIE JOSEPH KUGELMANN
12, RUE DE LA GRANGE-BATELIÈRE, 12

1884

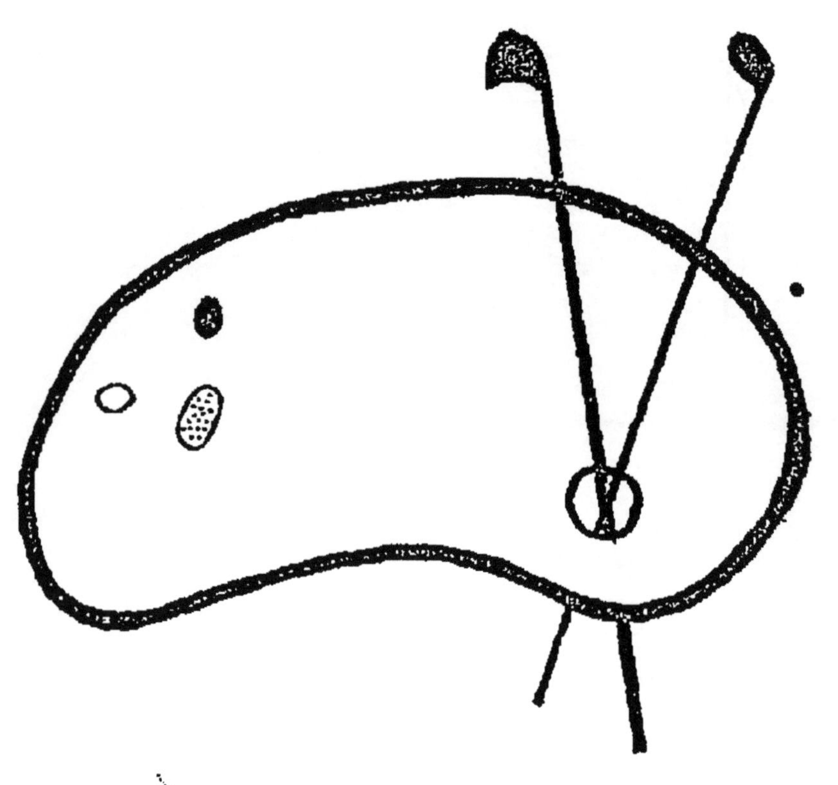

FIN D'UNE SERIE DE DOCUMENTS
EN COULEUR

LES MINES D'ANZIN

LES BASSINS HOUILLERS

DU

NORD-OUEST DE L'EUROPE

LES MINES D'ANZIN

ÉTUDE HISTORIQUE ET TECHNIQUE

PAR

A. GARCENOT

INGÉNIEUR

PARIS

IMPRIMERIE JOSEPH KUGELMANN

12, RUE DE LA GRANGE-BATELIÈRE, 12

1884

AVANT-PROPOS

Il y a deux ans, à pareille époque, nous avons commencé, dans le journal *la Houille*, la publication d'une étude partielle sur les bassins houillers du Nord-Ouest de l'Europe, principalement sur la partie du bassin de Valenciennes exploitée par la Compagnie d'Anzin.

La situation créée à l'industrie houillère en France et en Belgique, ainsi qu'à presque toutes les industries manufacturières et métallurgiques, par la réaction économique qui a suivi la période d'activité trop prospère de 1872 à 1876, avait amené la Compagnie d'Anzin à subir, plus que toute autre Compagnie houillère, les conséquences ruineuses de cette réaction, à laquelle elle n'était pas préparée, et dont elle ne pouvait atténuer les effets.

Les embarras au milieu desquels la Compagnie d'Anzin se débattait depuis quelques années et qui ne faisaient que s'aggraver, dénotaient une situation très embrouillée, presque indéchiffrable, dont les causes multiples étaient difficiles à saisir.

Nous avons voulu nous en rendre compte, dans la limite du possible, par l'étude des éléments que nous fournissaient les nombreux travaux publiés sur les bassins belges et français par les Compagnies intéressées et par les ingénieurs des mines, tant en France qu'à l'étranger.

Nous avons cru que cette étude succincte, quoique assez complète, pouvait intéresser tout le monde industriel, principalement les exploitants de houillères, surtout la Compagnie d'Anzin, qui ne voulait pas s'avouer sa véritable situation et reconnaître les causes diverses qui l'avaient amenée.

Cette étude a donc été publiée pour la Compagnie d'Anzin et non contre elle ; son ancienneté, sa prospérité unique jusqu'à ces dernières années, l'intérêt qui, dans toute la région industrielle du Nord de la France, s'attache à tout ce qui tient à la Compagnie d'Anzin, les intérêts considérables qui sont liés à sa prospérité, ceux de l'un des arrondissements les plus riches du Nord, nous en ont fait un devoir.

Nous avons voulu également, dans la limite de nos forces, mettre les Compagnies houillères qui exploitent les bassins du nord de la France, par l'étude d'un cas heureusement unique jusqu'aujourd'hui, en garde contre les entraînements possibles qu'elles pourraient subir, et qui les amèneraient peu à peu dans des situations analogues, dont elles ne pourraient sortir qu'au prix de sacrifices considérables énergiquement et rapidement consentis, et d'embarras de plus d'une sorte.

Si, dans la partie historique de cette étude, nous avons été amené à mettre en cause certaines méthodes, et à les apprécier un peu vivement peut être, c'est qu'elles sont, au contraire de ce qui devrait exister, la négation de toute méthode rationnelle, et, à notre sens, les causes principales de la situation actuelle de la Compagnie d'Anzin.

Quelques légères erreurs d'appréciation de peu d'importance ont pu se glisser dans la partie technique de cette étude. N'ayant pas eu la prétention de produire une œuvre didactique, nous serions heureux de les voir rectifier.

GARCENOT.

Avril 1884.

LES BASSINS HOUILLERS

DU

NORD-OUEST DE L'EUROPE

LA COMPAGNIE D'ANZIN

ÉTUDE HISTORIQUE & TECHNIQUE

L'immense dépôt houiller qui s'étend du Sud-Est de la Wesphalie au Pas-de-Calais sur une longueur de 450 kilomètres et une largeur moyenne de 10 kilomètres, se continue au-dessous de la Manche et s'étale sous la plus grande partie de l'Angleterre, où il atteint sa plus grande puissance.

Il offre au géologue et à l'ingénieur un vaste champ d'études, aussi attrayantes au point de vue de la science pure qu'au point de vue technique de l'exploitation des mines.

L'économiste et l'homme politique qui l'étudient ne sont pas moins frappés par les transformations profondes qu'ont subies les divers territoires où la houille qu'il renferme est exploitée, et par celles non moins radicales des nations qui l'exploitent, dont la puissance productive et politique paraît être en raison directe de la quantité de houille qu'elles extraient et qu'elles consomment.

On a pu dire que la raison d'être de la suprématie politique et industrielle de l'Angleterre c'est la houille et le fer qu'elle possède en abondance; on peut dire aujourd'hui, avec non moins de raison, que la puissance politique de la Prusse et les transformations successives de l'Allemagne sous son hégémonie sont dues aux développements énormes de l'industrie de la houille et du fer dans le bassin de la Rühr, surtout à Essen, et à ses immenses usines.

La révolution économique commencée par la vapeur, il y a plus d'un siècle, et continuée par l'établissement des chemins de fer, n'est pas encore terminée, tant s'en faut; elle se continue rapidement sous nos yeux, et nous assistons à la transformation matérielle et intellectuelle de certaines contrées qui, faiblement peuplées il y a cinquante ans, sont aujourd'hui couvertes d'usines et d'établissements de toute nature, où une population nombreuse et active augmente sans cesse, par le travail, sa puissance productive et ses richesses.

L'Angleterre s'est transformée en une vaste agglomération d'usines et de manufactures dont les produits inondent le monde entier; la Westphalie, la Prusse Rhénane, la Belgique, quoique à un moindre degré, ont aussi remarquablement progressé; et le développement de leurs diverses industries a suivi le développement rapide de l'exploitation de la houille renfermée dans leurs riches bassins.

Depuis la découverte et la mise en exploitation du bassin du Pas-de-Calais, le Nord de la France a pris une importance industrielle et économique considérable; de nombreuses et puissantes industries se sont implantées dans ses riches plaines ; sa population s'est notablement augmentée, et s'accroît rapidement, presque en raison directe du développement de l'exploitation de la partie la plus productive de ses houillères.

De Dortmund à Béthune, l'axe de la vaste cavité dans laquelle se sont formées les puissantes couches de houille qui contiennent la principale richesse des différents bassins, suit, de l'Est à l'Ouest, une courbe passant par Rührort, Aix-la-Chapelle, Liège, Namur, Charleroi, Mons, Valenciennes, Douai, comprise entre le 50° et le 51° degré de latitude, et dont la concavité, tournée au Nord, touche Valenciennes dans sa partie la plus méridionale ; et c'est là un fait curieux, que toutes ces villes importantes soient situées sensiblement à la même distance les unes des autres sur cette longue ligne de 300 kilomètres de longueur.

Lorsque les premiers dépôts anthraxifères se sont formés dans la longue vallée marécageuse qui devait constituer le fond du bassin houiller que nous étudions, sa largeur maximum pouvait atteindre 25 à 30 kilomètres ; sa forme générale était probablement l'ensemble d'une suite de dépressions plus ou moins larges et de profondeurs diverses, semblable à un chapelet de lacs réunis par des goulets ou des détroits de longueur et de largeur très variables, dont la profondeur était souvent peu considérable par rapport à celle des bassins qu'ils faisaient communiquer.

La puissance des dépôts houillers, au centre de chacune de ces dépressions, était en raison directe de leur profondeur au moment où les couches inférieures se sont formées ; en certains points, elle devait atteindre une épaisseur probable de 2,800 à 3,000 mètres, tandis qu'au-dessus des seuils des goulets ou des détroits, elle devait être seulement de moins de 1,000 mètres.

Le calcaire carbonifère, sur lequel se sont déposées toutes les roches de la période houillère, devait donc se présenter, à l'époque de la formation des premières strates, dans une succession d'énormes cavités d'une grande profondeur, en forme de cuvettes allongées dont les bords et les parois étaient plus ou moins réguliers ; ces roches, des plus anciennes aux plus modernes, se composent de bancs de schistes, de houille, de grès, de fer carbonaté qui se succèdent avec un ordre apparent et se sont superposés à peu près parallèlement les uns aux autres ; ils sont en stratification concordante entre eux et avec le calcaire carbonifère sur lequel ils reposent.

La lenteur avec laquelle elles se sont formées a été telle que les bancs de schistes qui ont servi de base aux bancs de houille portent encore aujourd'hui les traces des racines des végétaux de cette époque, et que leurs feuilles se rencontrent parfaitement conservées dans les schistes qui forment le toit de certaines veines de houille.

Cependant, après les milliers de siècles qu'avait duré la formation de ces roches, leur consistance, de même que celle du calcaire carbonifère, était assez faible ; les couches supérieures étaient encore à l'état pâteux ; aussi, lorsque les convulsions géologiques postérieures bouleversèrent la longue vallée houillère et les roches qu'elle renfermait, une partie de celle-ci fut enlevée par le travail d'érosion des eaux, et servit à constituer une partie des roches nouvelles qui vinrent recouvrir les restes du bassin houiller.

A la fin de la période houillère, un immense bouleversement vint affecter le bassin tout entier, de l'Est à l'Ouest ; les contractions de l'écorce terrestre, affaissements et soulèvements, détruisirent alors l'horizontalité probable des strates ; certaines parties du bassin furent lentement soulevées ; d'autres furent affaissées et semblent s'être englouties dans des vides immenses qui se sont ouverts au-dessous d'une partie du bassin.

La partie Est, comprenant le bassin de la Rühr et les petits bassins des environs d'Aix-la-Chapelle, paraît avoir été la moins troublée par ces déchirements ; mais la partie Ouest, de Liège au Pas-de-Calais, a subi des bouleversements aussi importants par leur étendue en surface que par leur puissance en profondeur.

Lorsque le Condroz et les Ardennes se sont soulevés au S. S.-E., le mouvement de bascule qui se produisit avait son axe entre le centre du bassin et sa limite méridionale ; et, pendant que le centre du bassin descendait à de grandes profondeurs, en repliant ses strates sur elles-mêmes, la partie Sud, soulevée et refoulée en même temps, retournée même, venait le recouvrir sur une grande largeur, en renversant les terrains inférieurs au-dessus du terrain houiller.

Au-delà de Douai, dans la direction d'Hardinghem, les deux mouvements simultanés ont produit l'enfoncement de plus en plus considérable de la formation houillère et son recouvrement, au Nord et au Sud, par les terrains inférieurs sur des largeurs de plus en plus grandes; les deux bords de la vallée houillère ont fini par se rejoindre au-dessus du terrain houiller, ce qui a fait croire pendant longtemps que le bassin du Pas-de-Calais se terminait en pointe vers Estrée-Blanche, tandis qu'il est seulement recouvert, au-delà et de chaque côté, par le calcaire carbonifère d'abord, puis, par le terrain dévonien, au-dessus desquels sont venues se déposer les puissantes assises crétacées qui se continuent jusque dans le Sud de l'Angleterre.

Ces bouleversements ont brisé toute la masse de la formation houillère; les failles les plus importantes ont une direction générale Est-Ouest, s'infléchissant parfois un peu au Nord ou bien au Sud; elles suivent à peu près l'axe du bassin.

Au Nord de ces failles principales qui portent différents noms, suivant les exploitations où elles ont été reconnues, le terrain houiller s'est sensiblement incliné au Sud, de 30° à 40° dans les parties les plus rapprochées du centre.

Au Midi, le terrain houiller s'est affaissé de 1,200 à 2,000 mètres, en se plissant parfois de la manière la plus bizarre; les failles qui séparent les deux moitiés du bassin sont remplies par les débris du terrain houiller et par les dépôts postérieurs.

Après ces mouvements puissants qui ont déchiré la formation houillère, les eaux de la mer envahirent toute la contrée, et, par suite de l'érosion des eaux, une grande partie de cette formation, encore à l'état pâteux, fut entraînée en réduisant considérablement la largeur qu'elle occupait primitivement.

Tous les terrains supérieurs de la partie Nord furent enlevés, et c'est grâce aux bouleversements de la parti

Sud qu'ils ont été conservés dans la région méridionale du bassin, qui s'était le plus affaissée, et qui en occupe le centre.

Les oscillations du sol se sont continuées pendant le dépôt des terrains postérieurs qui recouvrent le terrain houiller sur toute son étendue; et, tandis que certaines contrées, celles de l'Ouest, continuaient à s'affaisser, celles de l'Est se soulevaient lentement.

Aujourd'hui, le terrain houiller montre ses affleurements dans le pays de Liège et aux environs de Charleroi; dans la partie Ouest, il est recouvert par les terrains crétacés sur une épaisseur qui varie de 4 mètres auprès de Bon-Secours, jusqu'à 350 mètres auprès de Ghlin et dans une partie du Pas-de-Calais.

De la frontière belge, vers Condé, jusqu'à Douai, l'épaisseur des morts terrains est très variable; dans la partie du Nord, elle est en moyenne de 60 à 70 mètres; dans la partie Sud, elle paraît atteindre sa plus grande puissance dans la vallée de l'Escaut, entre Onnaing et Bruay, où elle est de 200 mètres environ vers l'écluse de la Folie; elle diminue en remontant vers Denain et Somain, pour augmenter à nouveau vers Douai et Lens. Le terrain houiller n'affleure nulle part, et ce n'est que par des recherches longtemps infructueuses que l'on a pu, vers le commencement du XVIIIe siècle, découvrir dans le Hainaut français le prolongement du bassin houiller du Hainaut belge, et, de proche en proche, en déterminer l'étendue probable et la continuité dans la direction du Pas-de-Calais; mais, pendant plus d'un siècle, les mines du Hainaut français furent les seules exploitées dans la région Nord de la France; et la puissante Compagnie d'Anzin qui les possédait presque toutes a pu se croire longtemps en possession du monopole de l'exploitation de la houille dans cette région, appelée à un si brillant avenir.

Les concessions de la Compagnie d'Anzin sont limitées, à l'Est, par la frontière belge et les concessions de Saint-Aybert et de Thivencelles, appartenant à la Compagnie Fresnes-Midi-Thivencelles; à l'Ouest, par la route nationale de Marchiennes à Bouchain ; elles comprennent la plus grande partie du bassin sur presque toute sa largeur exploitable ; les Compagnies houillères de Douchy, Marly, Crespin, au Midi, et de Vicoigne, au Nord, n'en possèdent que de petits lambeaux, pour la plupart peu exploités et peu exploitables.

La surface totale de ses concessions est de 280 kilomètres carrés ; elles s'étendent, sans solution de continuité, de la frontière belge à Somain, de l'Est à l'Ouest, sur une longueur de 28 kilomètres ; c'est la plus grande surface de terrain houiller exploitée par une seule Compagnie, en France aussi bien qu'en Europe ; elle comprend les 3/5 du bassin de Valenciennes.

La formation houillère du Nord-Ouest est représentée, dans le bassin de Valenciennes, par une épaisseur de 2,800 mètres de terrain houiller renfermant presque toutes les qualités de houille exploitées en Allemagne, en Belgique et en France ; ces terrains sont en stratification concordante ; seulement, ceux du comble Nord ne correspondent pas à ceux du comble Sud, dont ils sont séparés par une des failles principales du bassin, *le cran de retour*, qui traverse toutes les concessions de l'Est à l'Ouest, de Quiévrain au Nord de Douai, presque en ligne droite. C'est le long de la paroi Nord de cette faille que la partie Sud du bassin a glissé en s'affaissant sur elle-même, depuis Wavrechain jusqu'au delà de Valenciennes, sur une profondeur d'au moins 1,500 mètres au Nord de Valenciennes, pour remonter à 1,000 mètres à Denain, et redescendre ensuite en se repliant au Sud et vers Aniche.

Un fait remarquable de cette descente en masse de la partie méridionale du bassin, c'est que, malgré le soulèvement et le refoulement des roches du Sud, le centre se soit affaissé de près de 1,000 mètres le long du *cran de retour*, sans que la position de ses couches se soit sensiblement modifiée, bien que toute la formation supérieure n'y existe plus ; il offre, entre Denain, à l'Est, et Escaudain, à l'Ouest, la forme presque parfaite d'une cuvette brisée dont la partie Nord serait enlevée sur un quart de son diamètre, et dont le rebord Sud, relevé brusquement, se raccorderait avec les replis, retombant les uns sur les autres, d'une lourde étoffe pendante contre laquelle elle s'appuierait.

Malgré cette apparente régularité, la partie Ouest, au-delà des plateures de Denain, est bouleversée par une série de failles secondaires qui se relient au *cran de retour*, par suite de la résistance des roches pendant la descente en masse du comble du Midi ; et, tandis que le riche bassin est exploité à Denain avec une allure aussi régulière que fructueuse, l'exploitation de la partie Ouest est constamment entravée par une succession de failles qui se croisent en tous sens ; elle donne de faibles produits.

Le comble du Nord (*au Nord du cran de retour*) ne renferme que des houilles maigres anthraciteuses, demi-grasses et grasses, passant insensiblement de l'une à l'autre qualité ; elles sont divisées en cinq faisceaux désignés par les localités où ils sont principalement exploités ; ce sont, par ordre de formation, des couches les plus anciennes aux plus modernes, les faisceaux de *Fresnes-Vieux-Condé*, de *Fresnes-Midi*, du *Nord de Thiers*, du *Centre de Thiers* et *Bleuze-Borne*, du *Midi de Thiers*. Ces divers faisceaux sont exploités de la frontière belge à Somain, et fournissent des houilles de bonne qualité propres à la cuisson de la chaux et des briques, au chauffage domestique, au chauffage des appareils à vapeur, aux fours de verreries, aux fours à sonder, etc. ; il est probable qu'au-delà du faisceau du *Midi de Thiers*, vers Onnaing, il existe, au Nord du *cran de retour*, un faisceau intermédiaire entre celui-là et le faisceau du *Midi d'Anzin*, peut-être le faisceau d'*Anzin Sud* lui-même, qui s'étendrait sous le calcaire carbonifère retombé, un peu au-delà de la limite Sud de la concession de Saint-Saulve.

Cette partie du bassin est généralement peu accidentée ; les failles secondaires qui rejettent parfois les divers faisceaux qu'elle renferme de 200 à 300 mètres, soit au Nord, soit au Sud, se sont produites pendant la descente du comble du Midi, lorsque les terrains avoisinant le cran de retour se sont affaissés de près de 1,000 mètres.

Le long du cran de retour, au Nord de Valenciennes, la partie Nord du comble du Midi se serait, par suite, affaissée de 2,500 mètres au moins, par rapport au niveau de formation de ses couches supérieures.

Le comble du Midi ne renferme que des houilles grasses maréchales à courte flamme, des houilles grasses maréchales à longue flamme, et des houilles grasses à longue flamme; ces dernières semblent être les premières, en formation, du faisceau dit *flénu*, qui a presque entièrement disparu; ces houilles à longue flamme ne doivent exister qu'au centre du bassin, entre Denain et Escaudain, où elles sont peu exploitées; les houilles grasses forment trois faisceaux désignés sous les noms de *Anzin-Sud et Denain-Sud*, *Denain intermédiaire et centre de Denain.*

La houille *flénu*, maigre, à longue flamme, que renfermaient les faisceaux supérieurs de la formation houillère, a été enlevée; elle manque seule au bassin de Valenciennes.

Les veines de houille exploitées par la Compagnie d'Anzin sont au nombre de 80; leur puissance varie de $0^{m}40$ en charbon à $1^{m}10$; elles représentent, en charbon exploitable :

Charbons maigres......	$18^{m}000$	d'épaisseur.
Charbons demi-gras et 2/3 gras..............	$15^{m}000$	—
Charbons gras.........	$15^{m}000$	—
C'est-à-dire une épaisseur de.............	$48^{m}000$	de houilles de

bonne qualité pour tous les usages industriels et domestiques.

En tenant compte des parties du bassin où les strates se sont repliées sur elles-mêmes, et présentent une accumulation énorme de houille dans les dressants, étant donnés les moyens que la science possède pour atteindre les plus grandes profondeurs exploitables aujourd'hui, 1,000 mètres, la Compagnie d'Anzin peut extraire encore plus de *trois milliards et demi de tonnes de houille, sans épuiser la partie méridionale du bassin qui renferme du combustible minéral jusqu'à plus de 4,000 mètres (quatre kilomètres) de profondeur.*

Lorsque la Compagnie d'Anzin fut formée, en novembre 1757, par l'association des diverses Compagnies rivales qui exploitaient ses vastes concessions sur quelques points isolés, leurs travaux de recherches s'étaient, de proche en proche, étendus sur la haute berge de la rive gauche de la vallée de l'Escaut, de Fresnes à Saint-Vaast-là-Haut (banlieue de Valenciennes), et, sur la rive droite, d'Hergnies à Condé, à proximité du fleuve qui pouvait, malgré son faible tirant d'eau, faciliter les transports des charbons par bateaux d'un faible tonnage.

Les mineurs de cette époque, qui, au point de vue de l'art des mines, paraît si loin de nous, avaient peu de moyens à leur disposition pour mener à bien leurs rudes travaux. Pour les garantir contre l'envahissement des eaux des morts-terrains, ils ne connaissaient alors que le cuvelage en bois, calfaté, rectangulaire ou carré, de faible section intérieure (les plus grands avaient une section de 2 m. 20 sur 2 m. 50); il laissait passer beaucoup d'eau, ce qui les forçait souvent à abandonner leurs travaux avant d'avoir atteint la tête du terrain houiller, qui, cependant, à Fresnes et à Vieux-Condé, n'est qu'à une profondeur maximum de 40 mètres. Aussi toute la contrée au nord de Fresnes a-t-elle été criblée d'une quantité de puits dont près de la moitié n'avaient pu être terminés.

Ce n'est qu'après l'invention du picotage de la base du cuvelage par l'ingénieur Mathieu, et l'installation de la première pompe à feu qui fut montée sur le continent, que les mineurs furent enfin maîtres des eaux et purent développer leurs travaux avec un peu plus de sécurité.

Mais les appareils d'extraction étaient lents et les moyens peu puissants ; la houille était extraite par tonneaux d'une profondeur maximum de 100 mètres, au moyen de cabestans mus par des chevaux; au delà de cette profondeur, l'extraction se faisait dans de petits puits creusés dans la mine, à une certaine distance du puits principal, et par lesquels on remontait le charbon avec des treuils mus à bras d'hommes.

Les transports, à l'intérieur des travaux, s'opéraient au moyen de petits bacs en bois, *sans roues*, que les ouvriers mineurs traînaient péniblement, avec une sangle, sur deux ou trois planches juxtaposées sur le sol des galeries qui aboutissaient aux différents puits secondaires et principaux des exploitations. Ces galeries étaient pour la plupart très basses, 1 m. 40 à 1 m. 50 de hauteur au plus, à peine larges pour laisser passer le *bac* servant aux transports; les hommes devaient y marcher constamment courbés et même pliés en deux.

L'aérage des travaux était difficile et défectueux, autant à cause des faibles moyens employés que par suite de l'insuffisance des galeries et de leurs mauvaises dispositions. Les dégagements de grisou dans les mines d'Anzin et de Saint-Vaast-là-Haut, ceux de gaz sulfureux et d'acide carbonique dans les mines de Fresnes, infestaient et infectaient les travaux. La santé des mineurs était mauvaise; beaucoup d'entre eux devenaient rapidement anémiques, surtout à Fresnes, où cette terrible maladie lente (l'anémie des mineurs de Fresnes) avait pris son nom; la durée moyenne de leur existence était à peine de 35 ans : aussi la somme de travail que pouvait fournir un bon ouvrier était beaucoup moins forte qu'aujourd'hui; la production moyenne, en charbon extrait, par ouvrier mineur et par année, était à peine de 100 tonnes, bien que la durée du travail journalier fût de 11 heures dans les travaux d'exploitation.

Malgré cette situation défectueuse de l'ensemble des exploitations, l'extraction de la houille s'était augmentée régulièrement, quoique lentement, et, de 100,000 tonnes en 1756, elle était arrivée à 310,000 tonnes en 1790. Les guerres de cette époque et les troubles de la Révolution firent descendre la production à 80,000 tonnes en 1793; elle remonta rapidement dans les années suivantes, et en 1805, année où furent réalisés les premiers bénéfices de la Compagnie depuis sa reconstitution, elle était de 226,000 tonnes; certains puits d'Anzin avaient alors 300 mètres de profondeur.

L'extension de ses débouchés commerciaux par les voies navigables du Nord, et les routes améliorées permirent à la Compagnie d'Anzin d'augmenter rapidement son extraction, malgré la concurrence que les houilles du Couchant de Mons venaient lui faire, sur son propre marché, grâce à l'ouverture du canal de Mons à Condé.

En 1815, lorsque la Belgique fut séparée de la France, l'extraction totale était de 247,000 tonnes; l'importation des houilles de Mons, pendant cette même année, atteignit 198,000 tonnes.

Le droit de douane de 1 fr. 50 par tonne dont furent alors frappées les houilles belges à leur entrée en France par la frontière du Nord-Est, d'Halluin à la Meuse, devint une véritable prime accordée aux charbons de la Compagnie d'Anzin; ses bénéfices augmentèrent considérablement, en même temps que la consommation de ses charbons, et l'engagèrent à poursuivre ses recherches à l'Ouest dans la direction que suivaient les faisceaux des houilles grasses de Saint-Vaast-là-Haut.

Mais un obstacle imprévu arrêta, pendant de longues années, le fonçage des puits dans cette région : après avoir traversé toute la masse des argiles plastiques qui, partout ailleurs, recouvraient le grès vert, puis le terrain houiller, les mineurs, à l'ouest de Saint-Vaast-là-Haut, rencontrèrent une couche de sable grisâtre et d'argile plastique provenant de la décomposition des roches du terrain houiller, d'une faible consistance et donnant beaucoup d'eau salée. Cette couche de sable atteint une puissance de 9 à 10 mètres au centre de la dépression qu'elle remplit entre Saint-Vaast-là-Haut et Denain, sur 8 kilomètres de longueur et 5 kilomètres de largeur entre Trith-Saint-Léger et Bellaing; elle renferme de grandes quantités de pyrites, du bois fossile (principalement une essence qui semble se rapprocher du chêne actuel) et une certaine quantité de végétaux transformés en lignite imparfait, mais isolés dans la masse.

Cette nappe très aquifère, appelée *Torrent*, ne put être traversée qu'en 1826, à Saint-Vaast-là-Haut, grâce aux nombreuses machines d'exhaure qui furent montées sur les différents puits où elle avait été rencontrée, et son drainage ou assèchement fut facilité par une longue galerie et des aqueducs qui déversaient ses eaux dans l'Escaut.

En attendant son assèchement, la Compagnie d'Anzin continua ses recherches au-delà du *Torrent*,, et, en 1822, elle découvrit le charbon gras à Abscon, près de la limite Ouest de sa concession d'Anzin, en face des fosses ouvertes par la Compagnie d'Aniche, qui ne pouvait arriver à surmonter les difficultés de premier établissement.

La fosse Villars, ouverte à Denain en 1826, donna d'excellent charbon gras et permit de fonder l'établissement de Denain, qui se développa rapidement, grâce aux excellents charbons à gaz qu'il exploite et qui étaient très recherchés par la nouvelle industrie.

En 1830, la production totale de la Compagnie d'Anzin était de 500,000 tonnes; l'importation des houilles belges en France, principalement de celles du Couchant de Mons, était de 511,000 tonnes. Ainsi, tandis que la Compagnie d'Anzin n'avait que doublé son extraction de 1815 à 1830, l'importation des houilles belges s'était augmentée de 158 0/0.

Cette lenteur relative dans le développement de la production d'Anzin n'est imputable qu'aux difficultés inouïes que la Compagnie avait eu à surmonter et aux dépenses considérables que les travaux d'assèchement du *Torrent* lui avaient occasionnées ; cependant, depuis vingt ans, de grandes améliorations avaient été apportées dans l'aménagement des travaux d'exploitation :

les transports dans les galeries au moyen de *bacs à roues* s'étaient peu à peu substitués aux anciens modes; les puits, de rectangulaires, étaient devenus polygonaux ; les progrès de la mécanique avaient permis de remplacer les chevaux par des machines à vapeur d'une faible puissance, il est vrai, mais qui n'en marquaient pas moins l'énorme progrès accompli autant dans les méthodes que dans les idées.

Une ère de grande prospérité s'ouvrait pour l'industrie houillère ; l'établissement des chemins de fer devait précipiter le mouvement par l'accroissement rapide de nouveaux débouchés et de toutes les industries de la région du Nord de la France.

Ainsi, en 1840, l'extraction d'Anzin avait atteint 623,000 tonnes ; les importations de houilles belges avaient progressé encore plus vite, et étaient alors de 749,000 tonnes ; les besoins de la consommation augmentaient plus rapidement que la production d'Anzin ; la Compagnie se préparait à de nouveaux efforts.

Mais, en présence de la consommation toujours croissante, plusieurs Sociétés de recherches avaient, depuis quelques années, fait de nombreux sondages autour des concessions de la Compagnie d'Anzin et avaient rencontré la houille, notamment à Vicoigne, où la houille maigre, du faisceau de Fresnes-Vieux-Condé, avait commencé à être exploitée en 1838. La concurrence faite par les charbons de Vicoigne aux charbons de Fresnes et de Vieux-Condé obligea la Compagnie d'Anzin, après une lutte acharnée pour faire baisser les prix de vente au-dessous des prix de revient et ruiner sa jeune rivale, à racheter les titres de la Compagnie d'Hasnon et ses parts d'intérêt dans la Compagnie de Vicoigne; puis, en 1843, à s'entendre avec elle pour la vente de leurs charbons maigres ; elle fut seule chargée, pour 99 ans, de la vente des charbons maigres des deux Compagnies : la part de Vicoigne ne devait être que le tiers du total de la vente ; celle d'Anzin en était les deux tiers.

Le développement rapide des travaux de la Compagnie de Douchy (fondée en 1822) commençait également à porter ombrage à la Compagnie d'Anzin, par suite de la concurrence que lui faisaient ses houilles maréchales.

Les recherches se continuaient au-delà de la Scarpe, entre Douai et Leforest, pour découvrir, à l'Ouest, le prolongement du bassin de Valenciennes, dont l'existence était affirmée depuis 1844 par M. de Bracquemont, alors ingénieur-directeur des mines de Vicoigne ; elles ne laissaient pas que d'inquiéter la Compagnie d'Anzin.

Sa lutte avec la Compagnie de Vicoigne lui avait été onéreuse : elle appréhendait une concurrence redoutable à courte échéance, malgré l'augmentation considérable de la consommation de la houille dans la région industrielle du Nord de la France, et le vaste marché qui s'offrait à son activité ; aussi s'empressa-t-elle d'accepter les propositions d'association que lui fit la Compagnie de Dourges en 1852, conjointement avec la Compagnie de Vicoigne, dans l'espoir secret d'une entente future semblable, quand au fond, à celle qu'elle avait contractée avec celle-ci.

Cette tendance de la Compagnie d'Anzin à étendre sa haute tutelle sur les exploitations naissantes du bassin du Pas-de-Calais, dont une grande partie était déjà reconnue, est clairement exposée dans sa circulaire du 20 juin 1857 à ses associés, surtout dans les passages suivants :

« La découverte du bassin houiller du Pas-de-Calais
« intéressait vivement l'avenir de notre Compagnie. La
« Régie ne pouvait rester indifférente devant un événe-
« ment aussi important. Après y avoir mûrement réflé-
« chi, elle pensa qu'elle ne pouvait mieux faire que de
« s'intéresser aux entreprises nouvelles, pour être
« d'abord exactement instruite de ce qui s'y passerait ;
« secondement, *pour contribuer à leur inspirer, dans*
« *l'intérêt commun, les principes de l'industrie sage et*
« *régulière ;* troisièmement, enfin, pour prendre part à
« leur prospérité et se dédommager ainsi du tort qu'elle
« pourrait en recevoir, s'il arrivait que leur rapide déve-

« loppement nuisît au sien, ce qui, jusqu'ici, ne s'est « point réalisé, etc. »

Et plus loin :

« Mais l'intervention du décret du 22 novembre 1852, « et surtout l'interprétation qui en fut faite, bien qu'ex« cessive, selon nous, ont placé la Compagnie d'Anzin « dans une fausse position vis-à-vis de l'Administraiion, « qui semble ne pas vouloir admettre qu'en matière de « mines de même nature une Société possède des actions « dans une autre Société, etc., etc. »

Elle répartit alors entre ses associés les actions de la Compagnie de Dourges, qu'elle avait acquises lors de sa constitution, et qui venaient d'être entièrement libérées.

Mais le décret de 1852 n'ayani pas eu d'effet rétroactif, elle put conserver sa part d'intérêt dans la Compagnie de Vicoigne, avec laquelle elle resta liée jusqu'au 1er janvier 1880, pour la vente des charbons maigres.

Pendant les dix années qui, jusqu'en 1850, peuvent être considérées comme la période préparatoire de la mise en exploitation du bassin du Pas-de-Calais, la production de la Compagnie d'Anzin avait à peine augmenté de 50,000 tonnes, et, bien qu'elle eût atteint 800,000 tonnes en 1846, elle était rapidement retombée au-dessous de 700,000 tonnes, pour être seulement de 670,000 tonnes en 1850.

Cependant l'accroissement de la consommation dans la région du Nord était énorme; elle avait atteint environ 2,100,00 tonnes en 1850, dans lesquelles l'importation des houilles belges entrait pour un million de tonnes.

Cet arrêt momentané dans la production de la Compagnie d'Anzin, malgré l'accroissement rapide de la consommation de la houille dans la région du Nord, provenait des transformations qu'elle faisait subir à son matériel et des travaux préparatoires qu'elle avait entrepris depuis quelques années.

De 1830 à 1840, elle n'avait pas mis ses exploitations

à même de satisfaire aux exigences de la consommation, et ce n'est que bien lentement qu'elle avait peu à peu augmenté ses moyens d'extraction en matériel et en machines, dont les plus puissantes n'étaient pas alors de 20 chevaux-vapeur.

Les conditions mauvaises de l'aérage de ses mines à grisou, la difficulté de les améliorer, avec les habitudes routinières de son personnel exploitant, lui imposaient des méthodes d'exploitation insuffisantes, ne pouvant répondre aux besoins, et qui n'étaient pas en rapport avec les progrès réalisés dans l'exploitation des mines à l'étranger, notamment en Angleterre et en Belgique.

Vers 1840, les machines plus puissantes que l'industrie privée commençait à construire, les modifications apportées aux foyers d'aérage, lui faisaient espérer un développement rapide de ses principales et plus fructueuses exploitations ; il lui fallut tout à la fois augmenter le diamètre de ses puits d'extraction, pour faciliter le passage des cages guidées, les approfondir et les armer de machines de 30 chevaux à balancier, d'abord, puis de 50 chevaux à action directe, dont la première fut construite et montée par *Cavé*, en 1849.

Mais, quelque diligence qu'elle pût mettre à l'exécutiou de tous ses travaux, sa pruduction était toujours de beaucoup au-dessous des exigences de la situation commerciale : il lui fallait sans cesse songer à améliorer ses moyens d'exploitation et de transports, autant à la surface que dans les travaux de ses mines ; dans les galeries principales, les transports par chevaux sur rails en fer, au moyen de bacs à roues, en bois puis en tôle, avaient permis d'augmenter rapidement l'étendue des champs d'abattage des divers puits.

L'établissement du chemin de fer d'Anzin à Abscon, construit en 1835 sur le modèle des chemins de fer qui transportaient les houilles du Couchant de Mons aux rivages du canal de Mons à Condé, lui permettait d'amener ses charbons aux quais de ses rivages de Denain, d'où ils étaient expédiés, presque exclusivement, par bateaux avant la construction du chemin de fer de Douai

2

à Valenciennes et le raccordement, à Somain, de la ligne d'Anzin à Abscon avec le chemin de fer du Nord.

Malgré les remarquables résultats économiques obtenus par les transports sur rails, et les facilités d'écoulement assurées à ses charbons ; malgré l'absolue nécessité de développer l'exploitation de ses vastes concessions, la Compagnie d'Anzin suivait prudemment, il est vrai, mais lentement, le mouvement imprimé à la marche des affaires industrielles par l'établissement des chemins de fer d'intérêt général ; et, tandis que ceux-ci, suivant l'exemple des chemins de fer anglais et belges, établissaient un matériel puissant, elle ne prenait que leur largeur de voie, tout en conservant un matériel défectuenx, coûteux, insuffisant, dès le principe, qui existe encore en partie aujourd'hui.

En 1850, dans la plupart des établissements de la Compagnie d'Anzin, tout était incommode, mal installé pour une grande production; le programme qu'elle avait élaboré, et qui commençait à être mis à exécution, fut reconnu incomplet ; de nouvelles installations, pourvues de machines de 150 chevaux-vapeur, furent décidées; elles devaient permettre une exploitation fructueuse jusqu'à près de 600 mètres de profondeur.

La Compagnie d'Anzin semblait alors prendre la tête du mouvement d'accélération de la production houillère dans le Nord ; elle paraissait vouloir se mettre en mesure de lutter avantageusement avec les producteurs du Pas-de-Calais ; mais, commencées en 1851, ses installations puissantes n'étaient pas encore terminées dix ans après.

Cette lenteur relative apportée à la mise à exécution de ce programme, vaste lorsqu'il fut établi, ne put que permettre à la Compagnie d'Anzin de maintenir sa situation commerciale, bien que de nouvelles fosses eussent été ouvertes, notamment celles de l'établissement de Thiers, en 1855, dans la partie Nord de la concession de Saulve, jusqu'alors inexploitée.

En 1860, la production moyenne annuelle de l'ouvrier

mineur d'Anzin avait atteint 150 tonnes et l'extraction de la Compagnie *908,000 tonnes.*

La consommation de la houille, dans la région du Nord de la France, était arrivée à *6,000,000 de tonnes,* dont *3,500,000* étaient fournies par les houillères belges, *1,100,000 par les Compagnies houillères du Pas-de-Calais et du Nord autres que la Compagnie d'Anzin*, et environ 300,000 par l'Angleterre.

La production de la Compagnie d'Anzin était alors tombée à moins de 1/6 de la consommation totale de la région du Nord.

Cependant le régime douanier, malgré les incertitudes qui suivirent l'établissement de l'Empire, était resté favorable aux Compagnies houillères françaises; il avait maintenu le droit de 1 fr. 50 par tonne de houille belge importée en France par la frontière du Nord-Est, d'Halluin à la Meuse; et un droit de 3 fr. par tonne sur les houilles anglaises importées par navires français dans les ports de la Manche et de la mer du Nord restreignait singulièrement la consommation de celles-ci, bien que l'*Act de 1850* eût supprimé les entraves apportées à leur exportation.

Les décrets du 18 juillet 1860 et du 27 janvier 1863 modifièrent peu la situation commerciale respective des producteurs de houilles françaises et étrangères; la suppression des surtaxes de pavillon, en 1869, facilita les importations anglaises dans une assez large mesure; mais elle ne produisit qu'un effet restreint sur la consommation des houilles de la région du Nord, qui avait atteint plus de 9,300,000 tonnes, sur lesquelles la Compagnie d'Anzin avait fourni 1,606,000 tonnes, c'est-à-dire un peu plus de 1/6 de la consommation totale.

De 1860 à 1869, sa production avait augmenté de 78 0/0; mais elle était loin de satisfaire aux exigences de la situation commerciale, puisque dans cette même période, la production du Pas-de-Calais avait triplé, et que les importations des houilles belges s'étaient accrues de 33 0/0.

Ce n'est qu'après la construction de nombreux fours à

coke, et d'une usine spécialement destinée à la fabrication des agglomérés de houille, que l'extraction de la Compagnie d'Anzin put atteindre 1,225,000 de tonnes en 1865.

Mais cet accroissement était exagéré, eu égard aux appareils d'aérage employés; dans les mines très grisouteuses, les ventilateurs Fabry, aussi bien que les foyers peu puissants d'alors, ne donnaient qu'une ventilation insuffisante des travaux, à cause des mauvaises dispositions des galeries; des coups de grisou partiels amenaient assez fréquemment la mort d'ouvriers mineurs.

Ce fâcheux état de choses avait éveillé l'attention de l'Administration des mines, qui avait dû intervenir auprès de la Compagnie d'Anzin, pour le faire cesser dans le plus bref délai possible, sous peine d'arrêt dans les travaux infestés par le grisou.

La Compagnie d'Anzin ordonna toutes les mesures nécessaires pour améliorer l'aérage; mais un personnel ignorant et incapable devait les réduire à néant.

Le 9 février 1865, à 8 h. 1/2 du matin, peu après la reprise de l'extraction de la journée, une violente explosion de grisou se produisit dans les travaux de la fosse *Turenne*, à Denain; elle coûta la vie à 37 ouvriers et porions. Cette catastrophe, sans exemple jusqu'alors, fut l'occasion de dévouements héroïques, qui ne sont pas rares dans l'histoire des accidents de mines, mais qui ne furent pas récompensés en raison directe de la valeur déployée et des dangers courus par les sauveteurs.

L'enquête qui fut faite sur les causes de cette épouvantable catastrophe ne démontra rien, sinon que l'aérage de toute la fosse était défectueux et insuffisant; on ne put découvrir la cause réelle de la déflagration; mais beaucoup pensèrent qu'il y avait eu impéritie et incurie dans la conduite des travaux. Essayer d'arracher à la mort les malheureuses victimes d'un coup de grisou, au milieu des dangers créés par l'explosion, en exposant sa vie, est un acte qui ne saurait être assez hautement récompensé; mais prévenir une catastrophe par une conduite raisonnée des travaux et de leur aérage eût été beaucoup plus méritoire, quoique moins brillant.

La Compagnie d'Anzin comprit alors la nécessité de placer à la tête de ses services un homme technique dont les capacités éprouvées et la haute valeur per sonnelle lui fussent un sûr garant de la bonne marche qu'il imprimerait à ses travaux de mines et a leur bon aménagement, ainsi qu'à ses affaires.

Peu après, elle confia ses destinées à un ingénieur, jeune alors, et plein d'une activité infatigable ; ses beaux travaux sur les combustibles minéraux et l'emploi des houilles dans les foyers des locomotives avaient amené les grandes Compagnies des chemins de fer à remplacer peu à peu le coke par la houille crue. Sur ses conseils, la Compagnie d'Anzin avait, depuis quelques années, construit de nombreux fours à coke, et une usine spécialement destinée à la fabrication des briquettes d'agglomérés de houille, afin d'utiliser ses charbons fins et menus, qui étaient souvent d'une vente difficile et encombraient parfois ses rivages, en ralentissant son extraction.

C'est plein d'enthousiasme et de foi dans l'avenir de la Compagnie d'Anzin qu'il en prit la haute direction, persuadé qu'il y avait de nombreuses réformes et améliorations à apporter dans tous les services ; le vaste programme qu'il avait élaboré pouvait être réalisé à bref délai, et il n'y avait qu'à vouloir, pensait-il, pour ramener la Compagnie d'Anzin dans la voie du progrès, et lui faire reconquérir sur le marché de la région du Nord le rang qu'elle n'aurait jamais dû perdre.

L'amélioration de l'aérage et des méthodes d'exploitation ; la concentration des travaux autour d'un seul siège, afin de diminuer autant que possible les frais généraux, en réduisant le nombre des puits d'extraction à son minimum, et en augmentant leur production dans de larges limites ; le développement des débouchés commerciaux et l'extension du marché par un emploi judicieux des charbons ; leur classement, au sortir des puits, dans des ateliers de tirages mécaniques, économiques, permettant de fournir à la consommation des produits aussi purs que possible; la construction de lavoirs destinés à rendre les charbons menus propres aux usages industriels ; en un mot, *le développement, par tous les moyens économiques, de la production et de la consommation, tout en diminuant les prix de revient*, tels furent les points principaux du programme que le nouveau directeur général se proposait de réaliser en quelques années.

Son programme humanitaire n'était pas moins large, et l'amélioration de la classe ouvrière par l'instruction et la moralisation n'en était pas le côté le moins utilitaire; car améliorer l'homme, c'est améliorer son œuvre, et augmenter son effet utile par une intelligente application de toutes ses forces.

La construction du chemin de fer d'Anzin à Péruwelz, en reliant tous les établissements de la Compagnie aux chemins de fer belges, fut le complément des mesures prises pour arriver à une production de plus en plus grande.

Pour exécuter un programme aussi vaste, simplifier les rouages administratifs, et mener à bien toutes les transformations successives que les exploitations devaient peu à peu subir, sans entraver la production, il fallait à l'Ingénieur directeur général un personnel dirigeant composé d'hommes d'élite, honnête autant que ferme et bienveillant, pour galvaniser le monde des travailleurs et lui inculquer les idées de progrès nécessaires au développement de plus en plus considérable des travaux et à leur sécurité.

Il crut pouvoir compter sur ce personnel, nourri des *saines traditions* qui, de génération en génération, se perpétuaient dans les familles attachées à la Compagnie d'Anzin dès le début de ses premiers travaux; sur ce personnel, qui s'était peu à peu formé au milieu de ce monde de travailleurs dont il constituait en quelque sorte l'aristocratie, et qui semblait imprégné des *saines doctrines* que la Compagnie considère comme le palladium de sa prospérité.

Mais en cela il fut étrangement trompé, et sa bonne foi, surprise au milieu de circonstances exceptionnelles, devait, à un moment donné, amener une situation inextricable, impossible pour lui et incompréhensible pour la Compagnie d'Anzin.

L'accident arrivé à la fosse de l'*Enclos*, à Denain, le 7 février 1866, pendant l'approfondissement du puits d'extraction, au commencement de l'extraction de la journée, et qui coûta la vie à plusieurs mineurs, aurait dû cependant le mettre à même de juger la valeur technique de son personnel dirigeant, et de faire la part de toutes les responsabilités.

Les grèves qui suivirent ses débuts n'étaient pas moins instructives; et si le directeur général eût bien été renseigné sur leurs origines, il eût pu en faire porter la responsabilité à leurs auteurs, inconscients peut-être, mais qui ne les provoquaient pas moins par leurs mesures brutales et vexatoires autant que maladroites et impolitiques, pour ensuite s'attribuer le mérite de les avoir réprimées par leur dévouement et leur courage problématiques, attirer sur eux l'œil bienveillant de la Compagnie, et capter la confiance de son directeur général, peu familiarisé avec ces sortes d'événements qui devaient se reproduire à peu près à échéances fixes.

A la suite de la guerre franco-allemande toutes les branches de l'industrie du Nord de la France avaient pris un développement considérable pour satisfaire aux besoins de toute nature et combler le déficit produit par la période d'arrêt 1870-1871; la consommation des combustibles minéraux avait suivi ce mouvement qui fut précipité en 1872 par les énormes demandes de produits sidérurgiques faites par les Etats-Unis sur les principaux marchés européens, pour la construction de leurs chemins de fer.

La crainte de manquer de combustible amena une panique générale dans tout le Nord de l'Europe: la ouille et le coke atteignirent des prix fous dans certains centres industriels, et la prospérité inouïe de l'industrie houillère en 1872, 1873, 1874, grisa la plupart des exploitants au point que la Compagnie d'Anzin perdit complètement de vue « *les principes de l'industrie sage et régulière* » qu'elle avait inculqués à ses jeunes rivales du Pas-de-Calais, qui, depuis longtemps, avaient de beaucoup dépassé et son antique sagesse et sa prospérité.

La consommation de la houille s'était accrue dans d'énormes proportions dans cette riche région industrielle du Nord de la France, qui promet pendant de longues années encore d'absorber toute la production de plus en plus intensive des houillères françaises.

Cette contrée, limitée au Sud par les collines de la rive gauche de la vallée de la Seine, comprend les douze départements de la *Seine-Inférieure*, de *Seine-et-Oise*, de la *Seine*, de *Seine-et-Marne*, de la *Marne*, de la *Haute-Marne*, de l'*Oise*, de la *Somme*, de l'*Aisne*, des *Ardennes*, du *Pas-de-Calais* et du *Nord;* c'est la plus industrielle de la France. Elle consomme presque entièrement la production des houillères du Nord et du Pas-de-Calais, et la majeure partie des importations belges et des importations anglaises faites par les ports de la Manche et de la mer du Nord, de Honfleur à Dunkerque.

Malgré la situation difficile et précaire d'une grande partie de ses établissements industriels pendant la guerre franco-allemande, sa consommation totale qui, en 1870, était tombée à 8,194,000 tonnes, se releva en 1871 et atteignit 9,117,000 tonnes, puis 11,228,000 tonnes en 1872, et 11,670,000 tonnes en 1873; *c'était, en trois années, un accroissement de 2,300,000 tonnes, c'est-à-dire de 24,7 0/0 sur la consommation de 1869.*

Pendant cette période, l'extraction totale de la Compagnie d'Anzin s'était élevée de 1,606,000 tonnes, en 1869, à 2,196,000 tonnes en 1872, et à 2,192,000 tonnes en 1873; elle s'était relevée à 1/5 de la consommation totale; l'augmentation de sa production avait été de 36,7 0/0.

La consommation des houilles belges dans la région du Nord était arrivée à 4,539,000 tonnes, avec un accroissement de 3 0/0 environ; celle des houilles anglaises avait atteint 842,000 tonnes, presque le triple de leur consommation en 1869.

La production des houillères du bassin de Valenciennes, situées à l'Ouest de la Scarpe, avait passé de 1,976,000 tonnes en 1869 à 3,241,000 tonnes en 1873; elle avait subi une augmentation de 64 0/0. Celle des houillères du bassin du Nord, jusqu'à la Scarpe, autres que la Compagnie d'Anzin, était arrivée à 815,006 tonnes en 1872, et à 986,000 en 1873, en augmentation de 30,4 0/0 sur leur production de 1869.

La production moyenne annuelle de l'ouvrier mineur d'Anzin atteignait 190 tonnes; la production moyenne annuelle de l'ouvrier mineur des autres Compagnies du bassin du Nord, 237 tonnes, et celle de l'ouvrier mineur du bassin du Pas-de-Calais, 209 tonnes.

Ainsi, tandis que la consommation des houilles belges regagnait seulement le terrain qu'elle avait perdu dans la région du Nord pendant la guerre franco-allemande, les trois quarts de l'augmentation totale de la consommation de cette région était comblée par celle de la production des houillères françaises du bassin de Valenciennes.

La Compagnie d'Anzin semblait alors entrée définitivement dans la voie du progrès où avait voulu l'amener son directeur général.

Mais cette prospérité était factice : les prix fantastiques qu'avaient atteints les combustibles minéraux, et les bénéfices énormes réalisés par la Compagnie d'Anzin, prêtaient à une illusion trompeuse, qui ne devait pas tarder à se dissiper.

Le directeur général paraissait avoir réalisé la première partie de son programme de 1866. Les sourdes résistances qu'il avait rencontrées à ses débuts et lors de la mise à exécution de ses principales réformes s'étaient peu à peu dissipées ; il avait imposé ses idées, et son haut personnel s'était incliné devant sa ferme volonté, sans oser se permettre la moindre observation ou lui soumettre les modifications qu'elles auraient dû subir selon que les circonstances l'eussent exigé.

La réorganisation du personnel de l'exploitation des mines sur des bases plus larges et mieux en rapport avec la situation de la Compagnie d'Anzin fut, de toutes ses réformes, la mieux accueillie; elle répondait à des besoins pressants.

Les trois anciennes divisions des travaux d'exploitation correspondaient aux trois groupes principaux des faisceaux exploités à Vieux-Condé, à Anzin et à Saint-Vaast-là-Haut, et à Denain, c'est-à-dire aux charbons maigres, demi-gras et gras. A la tête de chacune de ces grandes divisions était un directeur ayant sous ses ordres un ou deux sous-directeurs entre lesquels étaient répartis les travaux des fosses de chaque groupe.

En 1866, le nombre des ouvriers occupés dans les travaux des mines de toute la Compagnie était de 7,600 environ, dont le groupe le plus important était concentré autour des nombreux puits de Denain. Le nombre des ouvriers travaillant à la surface était de 1,850 environ, dont la moitié étaient occupés par le service de l'exploitation des mines.

Ces trois grandes divisions, d'inégale importance, étaient trop étendues, les exploitations trop éloignées, pour qu'un personnel insuffisant pût exercer un contrôle sévère et sérieux sur les travaux et une surveillance efficace sur le personnel occupé dans leurs nombreux puits.

Les 30 fosses en exploitation furent réparties d'abord en 5 groupes, puis en 7, en 1871 et 1873, lorsque les siéges de Thiers et d'Haveluy prirent une grande importance extractive et nécessitèrent un personnel spécialement affecté à la direction de leurs travaux.

Ces nouvelles divisions furent alors celles de Vieux Condé, de Thiers, d'Anzin, de Saint-Vaast-là-Haut, d'Hérin, de Denain et d'Abscon; elles comprenaient, chacune, 3, 4 ou 5 fosses en exploitation, selon leur importance extractive; les puits inutiles furent peu à peu fermés, et le nombre des fosses en extraction dans chaque division se trouva bientôt réduit à trois en moyenne.

Le nombre total des ouvriers occupés dans les travaux des mines était arrivé à 11,500, et les ouvriers occupés à la surface, autour des puits et dans les établissements dépendant du service de leur exploitation, à près de 2,000; le nombre total des ouvriers occupés par la Compagnie d'Anzin, au fond et au jour, avait atteint 14,500 en 1873 ; ils étaient alors réunis en groupes à peu près égaux dans 7 divisions que comprenait le service du fond; mais Denain était toujours le centre le plus important, comme nombre d'ouvriers et comme importance extractive : 2,350 mineurs travaillaient dans ses trois fosses en extraction.

A la tête de chaque nouvelle division était placé un directeur ayant sous ses ordres un ou deux conducteurs de travaux, selon leur étendue et le nombre des ouvriers qui y étaient occupés. Tous les directeurs divisionnaires relevaient de l'ingénieur en chef des travaux du fond, qui, peu à peu, prit le titre de directeur en chef des travaux du fond, qu'il porte encore aujourd'hui.

Cette organisation rationnelle permettait une surveillance plus active, des travaux mieux étudiés, et une amélioration sensible de la production de l'ouvrier mineur; le Directeur-Général la compléta par une augmentation sérieuse des traitements des chefs de service, qui, depuis longtemps, n'étaient plus en rapport avec l'importance que leur situation avait acquise.

Les modifications profondes apportées à l'organisation du personnel de l'exploitation des mines avaient été nécessitées autant par le développement rapide de leurs travaux que par l'obligation de mieux répartir les charges qui allaient en résulter; le Directeur Général mit à la tête des divisions nouvellement créées un personnel nouveau, choisi parmi les employés les plus capables chargés de la conduite des travaux du fond; ce n'était pas de ces hommes d'élite que l'on se serait plu à voir mettre à exécution la partie technique de son programme : c'étaient, pour la plupart, des hommes modestes, presque tous bons mineurs, mais possédant à peine d'autres connaissances que celles qui leur étaient strictement nécessaires pour la bonne conduite de leurs travaux et de leur nombreux personnel ; même avec l'impulsion de leur Ingénieur en chef, ils ne pouvaient avoir cette initiative féconde, si nécessaire dans l'organisation des exploitations de mines les mieux connues.

Le Directeur Général voulut se donner des collaborateurs ; il n'eut que quelques employés de plus. Mais nouveau venu dans la grande industrie, transporté tout d'un coup de son cabinet au milieu d'un monde qu'il ignorait complètement, il ne fut, dès l'abord, frappé que de ce qu'on lui fit voir de l'esprit pratique qui semblait guider tout le personnel exploitant ; les idées de progrès qu'il voulait répandre paraissaient s'accorder merveilleusement avec les résultats acquis ; elles lui revenaient déguisées, amplifiées, flattant ainsi son amour-propre, en lui faisant croire qu'il était dans le vrai en toutes choses.

Sa perspicacité fut alors complètement mise en défaut, et c'est plein de bonne foi qu'il se lança dans cette voie funeste où la Compagnie d'Anzin devait perdre son vieux renom et son prestige, et compromettre sa fortune.

L'augmentation considérable de la production dans le bassin de Valenciennes, en 1863-1865, avait nécessité un accroissement proportionnel du personnel exploitant de toutes les houillères du Nord et du Pas-de-Calais ; et, par suite de la rareté de la main-d'œuvre et de la concurrence que les jeunes Compagnies houillères faisaient à leurs aînées du bassin du Nord, une augmentation des salaires était devenue nécessaire en 1865 ; en 1866, les cours élevés des houilles la rendirent indispensable.

Solllicitée par les Compagnies houillères qui prévoyaient une grève prochaine, et qui recherchaient une entente commune pour uniformiser les satisfactions à accorder, afin de l'éviter, la Compagnie d'Anzin, trompée par de fausses appréciations de la situation, mal renseignée sur l'esprit d'insubordination qui se manifestait depuis assez longtemps dans les principaux centres hésita quelques jours, et, avant qu'une résolution fût prise, à la fin d'octobre 1866, une grève se déclara à Saint-Vaast-là-Haut puis s'étendit à Anzin, et successivement à tous les établissements de la Compagnie; la grève devint générale dans toutes les houillères du bassin de Valenciennes; elle ne prit fin que par l'annonce d'une augmentation de 9 0/0 sur les salaires : il eût été plus sage et moins onéreux de commencer par là.

Les prix de vente des charbons s'affaissèrent brusquement en 1867 et atteignirent leur minimum à la fin de 1868; les résultats de la baisse furent atténués en partie par l'augmentation de l'extraction; en 1869, l'activité des demandes releva les prix de vente; mais la production resta stationnaire; les travaux se concentraient de plus en plus autour des principaux sièges d'exploitation.

Il fallait étendre les chantiers d'abattage, activer les travaux préparatoires, et augmenter en même temps la production moyenne de l'ouvrier mineur d'Anzin, qui était de beaucoup inférieure à celle des autres Compagnies houillères du Nord et surtout des principales mines du Pas-de-Calais.

Le Directeur Général décida l'emploi des haveuses mécaniques, qui étaient répandues en Angleterre, où leur application dans les exploitations des puissantes couches en plateures avait sa raison d'être ; mais elles ne devaient donner aucun résultat économique dans les exploitations des plus belles veines d'Anzin, pas plus qu'elles n'en avaient donné dans les houillères belges où elles avaient été essayées quelques années auparavant. On dut renoncer à leur usage.

Pour diminuer autant que possible la durée des travaux préparatoires et le nombre des ouvriers qu'ils occupaient, la perforation mécanique, par l'air comprimé, fut employée aussitôt que les appareils, qui venaient de faire leur preuve au percement du tunnel de Mont-Cenis, furent rendus pratiques pour le creusement des galeries de faibles sections.

Elle fut installée d'abord dans les travaux de la fosse d'Haveluy, où une forte extraction menaçait d'épuiser en quelques années les faibles ressources qu'elle possédait en veines exploitables. C'était la deuxième application, en France, des perforatrices *Sommelier perfectionnées;* elles permirent, dès l'abord, de diminuer de plus de moitié, puis, plus tard, des trois quarts, la durée des travaux préparatoires.

De toutes les innovations introduites dans le matériel et les méthodes d'aménagement des travaux d'exploitation, cette application de l'air comprimé était certainement la plus heureuse, la plus nécessaire, et promettait de devenir la plus féconde en résultats économiques; mais, pendant quelques années, et contrairement à toutes les prévisions, on s'en tint à cette seule application.

L'activité extraordinaire de l'industrie houillère en 1871-1872, l'augmentation énorme des demandes, qui allait toujours croissant, incitèrent le Directeur Général à suivre l'exemple que lui donnaient alors les houillères anglaises, qu'il venait de faire visiter rapidement à ses principaux collaborateurs. Il voulut donner aux travaux d'exploitation un développement de plus en plus considérable, afin de mettre chaque siège d'extraction en mesure de fournir annuellement de 200,000 à 300,000 tonnes de houille; il y était poussé par les résultats obtenus à la fosse *Renard,* à Denain, qui produisait alors plus de 200,000 tonnes par an, et que l'on affirmait pouvoir donner *300,000 tonnes* avec un travail journalier de dix heures, c'est-à-dire une moyenne de *1,000 tonnes par jour.*

Un nouveau programme fut alors élaboré; il devait permettre d'étendre les chantiers d'abattage à des distances considérables, au moyen de la traction mécanique remplaçant les chevaux pour les transports à grande distance, et leur déhouillement rapide par des travaux préparatoires activement poussés au moyen de la perforation mécanique et de l'air comprimé; l'aérage devait être amélioré par l'installation de puissants ventilateurs et de puissantes machines d'extraction devaient compléter l'outillage des fosses.

Il fallait des charbons à tout prix; on recherchait tous les moyens qui semblaient devoir permettre une extraction intense poussée à ses dernières limites, sans trop se soucier de l'avenir. Ce nouveau programme paraissait donc imposé par les circonstances mêmes : les résultats obtenus à la fosse *Renard, à Denain*, et qui semblaient devoir augmenter encore en importance et devenir normaux, éblouirent la Compagnie d'Anzin, qui décida le fonçage d'un deuxième puits armé d'une machine d'extraction de 600 chevaux pour compléter ce siège et en faire le type des installations futures.

Mais, daus l'élaboration de ce programme, on avait négligé un côté de la question, qui, cependant, et les événements ne devaient pas tarder à en faire ressortir l'importance, aurait dû être placé en première ligne pour lui servir de base : *c'est qu'un puits de mine n'a qu'une capacité extractive économique déterminée, dont le maximum doit être fixé par l'étude préalable et complète du gisement à exploiter, dans les conditions pratiques du travail normal, afin d'obtenir le maximnm d'effet utile de l'ouvrier mineur et le minimum de prix de revient.*

Cet oubli devait avoir les conséquences les plus graves et amener, au bout de quelques années, une situation presque irrémédiable; il devait être, en outre, à un moment donné, la cause principale de la plus singulière et de la plus fâcheuse position où une Compagnie houillère, si petite qu'elle fût, se soit jamais trouvée.

Les hauts prix des charbons en 1872, la rareté de la main-d'œuvre, l'énorme augmentation de la production devaient, comme toujours, amener de nouvelles exigences des ouvriers; une augmentation des salaires devenait nécessaire; l'opinion publique n'était pas favorable aux Compagnies houillères qui ne pouvaient se décider à l'accorder; la Compagnie d'Anzin temporisa et fut surprise par la grève générale qui se déclara dans le Pas-de-Calais et s'étendit à toutes les exploitations du bassin de Valenciennes. Son foyer principal fut Denain, où se passèrent quelques faits déplorables dont il vaut mieux taire le souvenir. Elle ne se termina que par une augmentation de 8.33 0/0 sur les salaires. Six mois après, en février 1872, mieux inspirée, la Compagnie d'Anzin prit l'initiative d'une nouvelle augmentation de 7.70 0/0; le prix de la journée type de l'ouvrier mineur était arrivé à 3.50; depuis 1866, il avait été élevé successivement de 27.3 0/0.

Dans la *Région industrielle du Nord*, la consommation des combustibles minéraux recula, pendant l'année 1874, de 11,670,000 tonnes à 10,945,000 tonnes ; la production des houillères du Nord et du Pas-de-Calais descendit de 6,419,000 tonnes à 6,233,000 tonnes, et les importations belges de 4,945,000 tonnes à 3,763,000 tonnes; les importations anglaises avaient baissé de 1,151,000 tonnes à 962,000 tonnes; seules, les importations allemandes, qui n'étaient que de 36,000 tonnes en 1871, s'étaient élevées de 115,000 tonnes, en 1873, à 185,000 tonnes en 1874.

Les houillères, surmenées, semblaient avoir atteint le maximum de leur production, pendant que les prix des charbons atteignaient leurs cours les plus élevés en juillet 1873, où la tonne de charbon tout-venant gras était vendue de 27 à 30 francs, et la tonne de charbon demi-gras de 25 à 28 francs dans le bassin du Nord.

La production de l'ouvrier mineur d'Anzin, pendant cette année, avait atteint 192 tonnes; celle d'Aniche était descendue de 297 tonnes, en 1873, à 270 tonnes en 1874; celle de Vicoigne, de 244 à 223 tonnes, et celle de Fresnes-Midi de 277 à 237 tonnes.

La production moyenne de l'ouvrier mineur des principales Compagnies houillères du Pas-de-Calais avait été, pendant cette même année, de 204 tonnes.

Malgré tous les moyens mis à sa disposition et la traction mécanique installée dans les travaux des fosses Thiers et de La Réussite, à Saint-Vaast-là-Haut, la production moyenne de l'ouvrier mineur d'Anzin était encore notablement inférieure à celle des autres Compagnies du bassin de Valenciennes.

Le ralentissement dans la consommation, au commencement de 1874, avait fait brusquement baisser les prix des charbons de 5 francs par tonne ; ils étaient, néanmoins, encore très élevés ; et, pour éviter les réclamations des ouvriers et donner satisfaction à tout son personnel exploitant, la Compagnie d'Anzin, en élevant les prix de ses travaux au marchandage, avait évité une nouvelle grève ; c'était un excès de sagesse ; et il fut poussé si loin, que les salaires des ouvriers médiocres ou malheureux étaient majorés, sans tenir trop compte du travail fourni, afin de les mettre à peu près au niveau de ceux de leurs camarades, plus habiles ou plus favorisés.

Ce fut l'âge d'or de toutes les Compagnies houillères qui, malgré la baisse des prix de vente, recueillaient le bénéfice des hauts cours pratiqués l'année précédente.

La Compagnie d'Anzin distribua alors des dividendes fabuleux. Pour les trois années 1872-1874, elle distribua, en 1873-1875, à ses actionnaires (en ne tenant compte que du prix d'estimation des actions de Vicoigne-Nœux qu'elle répartit en même temps) la somme énorme de 46,500,000 francs, et, étant donnés les cours des actions de Vicoigne à la fin de 1874, c'est, en réalité, une somme de 60,000,000 francs qui leur fut distribuée.

Cette période néfaste de prospérité inouïe devait avoir un cruel lendemain : le souvenir des années 1838-1840, 1847-1849, 1866-1868 était effacé de toutes les mémoires. On crut que la situation allait se maintenir et devenir normale.

De tous côtés on recherchait les gisements de houille ; la fièvre de spéculation qui avait régné en 1838-1840 était revenue et régnait avec une acuité bien plus grande qu'alors : les cours des valeurs houillères atteignaient leur apogée ; les beaux jours de la rue Quincampoix étaient revenus, et chaque Compagnie nouvelle en formation semblait à ses actionnaires affolés devoir être pour chacun d'eux un nouvel Eldorado.

Dans tous les bassins houillers du Nord-Ouest de l'Europe, de nombreux puits étaient creusés tant par les anciennes que par les nouvelles Compagnies houil lères, surtout en Allemagne et en Angleterre, et armés de puissantes machines, pour les mettre à même de faire face à toutes les nécessités futures. Une activité extraordinaire régnait partout; les dépenses les plus extravagantes paraissaient justifiées par la situation; on ne regardait plus aux moyens à employer, on ne tenait compte que des résultats à obtenir; et les plus invraisemblables et ceux qui les préconisaient étaient les plus sérieux et les plus prisés. On ne raisonnait plus, on n'étudiait plus; le temps faisait défaut, et la spéculation à outranee entraînait tout un monde dans un tourbillon fantastique.

La baisse survint, rapide et stupéfiante pour le grand nombre; les plus sages, ceux qui se trouvaient le mieux à même de bien juger la situation, s'étaient arrêtés à temps et regardaient passer, dans une ronde vertigineuse, les débris de cette danse macabre sur les ruines qu'ils laissaient derrière eux.

La pénurie de combustibles en 1872-1873 avait forcé les consommateurs à accepter, les yeux fermés, les charbons que les Compagnies houillères leur fournissaient. La Compagnie d'Anzin fut amenée à préconiser l'emploi de ses charbons maigres pour certaines industries; leur usage se généralisant, elle décida l'ouverture d'un nouveau siège d'extraction à l'extrémité orientale de ses concessions, près de la frontière belge, en face du charbonnage de Bernissart; il fut formé de trois fosses, dont deux étaient destinées à l'extraction des charbons et à l'épuisement des eaux, et le troisième à l'aérage.

Établi sur une partie vierge du faisceau de *Fresnes-Vieux-Condé*, il devint rapidement l'un des plus productifs de la Compagnie d'Anzin, qui réalisa de grands bénéfices par la vente de ses charbons *quart-gras*, qui étaient brûlés au moyen de souffleries à vapeur.

Ce nouveau siège fut, avec le puits nº 2 de la fosse *Renard, à Denain, le seul établissement nouveau* que la Compagnie d'Anzin avait créé de 1866 à 1875; seulement, pendant que le puits nº 2 de la fosse Renard était largement outillé en vue d'une production de plus en plus grande, et couvert d'une énorme construction, les puits de *Général de Chabaud-Latour* étaient desservis par une installation curieuse, mais onéreuse, à cause des manutentions qu'elle exigeait : de vieilles locomotives, presque hors de service, remplissaient l'office de machines d'extraction.

La comparaison des résultats obtenus fait penser que l'installation de la fosse *Renard n° 2* eût été mieux utilisée sur les puits de *Général de Chabaud-Latour*, et que le matériel de ceux-ci eût mieux convenu à la fosse de Renard n° 2.

La production de la Compagnie d'Anzin avait reculé de 2,192,000 tonnes en 1873, à 1,922,000 tonnes en 1874 ; elle se releva à 2,058,000 tonnes en 1875 et à 2,063,000 tonnes en 1876. Malgré l'appoint de l'extraction intensive des puits de *Général de Chabaud-Latour*, elle était retombée à 2,042,000 tonnes en 1877.

La consommation des houilles, dans la *Région du Nord*, s'était relevée à 11,668,000 tonnes en 1875, s'était maintenue à 11,641,000 tonnes en 1876 et à 11,550,000 tonnes en 1877.

Les importations des houilles belges s'étaient relevées à 3,988,000 tonnes en 1875, puis étaient retombées à 3,730,000 tonnes en 1876 et à 3,446,000 tonnes en 1877. Les importations anglaises étaient remontées à 1,164,000 tonnes en 1875, et s'étaient élevées à 1,403,000 tonnes en 1876, pour redescendre à 1,341,000 tonnes en 1877. La consommation des houilles allemandes, qui avait un peu baissé en 1875, s'était relevée de 179,000 tonnes à 213,000 tonnes en 1876 pour atteindre 254,000 tonnes en 1877.

Les houillères du bassin de Valenciennes, *à l'Est de la Scarpe*, autres que la Compagnie d'Anzin, avaient vu leur production totale passer de 1,298,000 tonnes en 1875 à 1,326,000 tonnes en 1876, pour redescendre à 1,244,000 en 1877.

Les houillères du bassin de Valenciennes, *à l'Ouest de la Scarpe*, avaient accru leur production de 3,258,000 tonnes en 1875 à 3,324,000 tonnes en 1876, et à 3,435,000 tonnes en 1877.

La production moyenne annuelle de l'ouvrier mineur d'Anzin, bien que le rendement moyen des fosses de *Général de Chabaud-Latour* fût très élevé, avait péniblement atteint 197 tonnes en 1875, pendant que les salaires *par tonne de charbon extraite* s'élevaient de 6 fr. 72 à 6 fr. 82 en 1874; la production moyenne annuelle de l'ouvrier mineur avait fléchi à 196 tonnes en 1876, puis à 193 en 1877, pendant que les salaires par tonne de charbon extraite s'abaissaient sensiblement à 6 fr. 68, puis à 6 fr. 09. Bien que l'extraction fût restée stationnaire, c'était une amélioration sensible qui pouvait aider la Compagnie d'Anzin à mieux supporter la crise qui, commencée en 1876, s'aggravait tous les jours, par suite de la baisse continue des prix de vente des charbons.

Mais la production de l'ouvrier mineur des autres Compagnies houillères du Nord était toujours de beaucoup plus élevée, avec des prix de revient beaucoup plus faibles :

En 1875, *Aniche* produisait 244 tonnes avec 6 fr. 14 de salaires par tonne de charbon extraite; en 1876, 219 tonnes avec 5 fr. 88 de salaires, et, en 1877, 210 tonnes avec 5 fr. 49 de salaires par tonne extraite. Pendant ces mêmes années, *Vicoigne* produisait respectivement 232, 228 et 247 tonnes avec 5 fr. 21, 5 fr. 02 et 4 fr. 75 de salaires par tonne; *Fresnes-Midi-Thivencelles*, 274, 311, puis 148 tonnes, avec 5 fr. 45, 4 fr. 68 et 4 fr. 75 de salaires par tonne de houille extraite.

En 1877, les principales Compagnies houillères du bassin de Valenciennes, *à l'Ouest de la Scarpe,* étaient arrivées aux résultats suivants :

L'*Escarpelle* avait obtenu pour l'année entière une production moyenne de 216 tonnes par ouvrier mineur, avec 5 fr. 59 de salaires par tonne de charbon extraite; *Dourges*, 179 tonnes avec 6 fr. 69; *Courrières*, 204 tonnes avec 5 fr. 35; *Lens*, 255 tonnes avec 5 fr. 19; *Bully-*

Grenay, 201 tonnes avec 6 fr. 21; *Marles*, 181 tonnes avec 5 fr. 68; *Nœux*, 186 tonnes avec 5 fr. 85; et *Bruay*, 211 tonnes avec 6 fr. 85 : c'était une production moyenne annuelle de 204 tonnes par ouvrier mineur obtenue avec 5 fr. 93 de salaire par tonne extraite.

La Compagnie d'Anzin était toujours dans des conditions inférieures à ses concurrentes du Nord et du Pas-de-Calais, autant à cause de la faible production moyenne annuelle de ses ouvriers mineurs que par suite de son prix de revient élevé; cependant, depuis plus d'une année, elle avait tiré parti de toutes les ressources possibles; les travaux préparatoires avaient été ralentis de plus en plus, les économies les plus grandes réalisées dans tous les services; les prix des travaux au marchandage avaient subi de fortes réductions qui, peu à peu, avaient été acceptées par les ouvriers mineurs; et, sans que le prix de la journée-type fût changé, les salaires, considérablement réduits, atteignaient presque leur minimum. La situation de la Compagnie d'Anzin s'aggravait tous les jours; car, si les prix de revient avaient été diminués de 10.7 0/0 en deux ans, les prix de vente des charbons avaient subi une baisse de 31 0/0. Les dividendes qu'elle avait distribués en 1877 témoignaient d'une position difficile : en deux années, ils avaient été réduits de 62 0/0; il devenait de plus en plus urgent de prendre des mesures radicales pour améliorer la situation.

En 1877, bien que l'extraction totale de la Compagnie d'Anzin se fût abaissée à 2,119,000 tonnes, et que la production moyenne de l'ouvrier mineur fût descendue à 193 tonnes, la dépense de main-d'œuvre, par tonne de houille extraite, se trouva réduite à 6 fr. 09. L'économie réalisée par la Compagnie d'Anzin était, pour cette année, sur ce chapitre seul, de *1,200,000 francs;* l'arrêt de presque tous les travaux de la surface avait permis de faire, dans les dépenses des autres services, l'économie d'une somme presque aussi forte : mais la baisse continue des prix de vente de ses charbons n'avait pu être atténuée par ces beaux résultats apparents. Les bénéfices de l'exercice 1877-1878 étaient encore inférieurs à ceux de l'exercice précédent.

Dans la *Région du Nord*, la consommation des combustibles minéraux se maintenait difficilement au chiffre qu'elle avait atteint en 1875; elle avait légèrement fléchi. Les grands travaux de recherches et les installations nouvelles entrepris dans les principaux centres d'exploitation des bassins houillers du Nord-Ouest de l'Europe, sous l'influence de la crise de 1872-1874, étaient arrivés à donner des résultats. Il fallait écouler la production des nouveaux puits et l'augmentation de celle des anciens; une concurrence acharnée en fut la conséquence, et les importations croissantes des houilles allemandes de la Rühr, en Belgique et en France, la nécessité de vendre amenèrent la baisse générale des prix des charbons, qui fut comme la contre-partie de la hausse de 1872-1874.

Les Compagnies houillères qui, sagement avisées, avaient largement préparé leurs grands travaux d'exploitation avec une faible partie des énormes bénéfices réalisés en 1873-1875, recueillaient le fruit de leur prévoyance; leurs prix de revient, obtenus dans les meilleures conditions d'exploitation, leur permettaient de soutenir la concurrence et de maintenir une partie de leur situation prospère par l'augmentation de leur production et l'extension de leurs débouchés commerciaux.

Les grands travaux préparatoires en cours d'exécution dans le bassin du Pas-de-Calais devaient faciliter aux principales Compagnies houillères un développement considérable de leurs travaux d'abatage, aussitôt que la stagnation générale des affaires aurait fait place à un large mouvement de reprise, dont les premiers symptômes commençaient à se manifester.

La Compagnie d'Anzin n'en était pas là, malheureusement; les traînages mécaniques installés dans ses plus importants travaux d'exploitation, après avoir coûté des sommes considérables pour leur établissement, n'avaient donné jusqu'alors que des résultats négatifs; elle songeait à les remplacer par la traction animale, plus économique, et à revenir aux anciennes méthodes ; mais elle n'avait exécuté aucun de ces grands travaux qui devaient permettre à ses jeunes rivales de sortir victorieuses de la lutte et d'en recevoir comme un nouveau lustre.

De l'application du programme 1866-1867, revisé en 1872, il ne lui restait rien que des exploitations excessivement étendues, des chantiers d'abatage qui s'éloignaient de plus en plus des puits d'extraction, et une pénurie de travaux préparatoires telle, que l'on devait songer à appliquer le système coûteux d'exploitation par plans inclinés, en vallée, avec des treuils mus par l'air comprimé, dans les principales exploitations trop surmenées et à bout de ressources ; il devenait tous les jours plus urgent de reprendre activement la série des grands travaux sans cesse ajournés, qui auraient dû, depuis longtemps, lui permettre une exploitation rationnelle et économique. De grandes dépenses devenaient absolument nécessaires pour remédier à ce fâcheux et onéreux état de choses et sortir d'embarras en quelques années.

Mais, au lieu de s'avouer les véritables causes qui l'avaient amenée dans cette situation embarrassée, sans programme bien arrêté, escomptant l'avenir, la Compagnie d'Anzin persista dans ses errements, en recherchant par tous les procédés possibles l'abaissement minimum de ses prix de revient, en attendant le relèvement des prix de vente et les bénéfices plus importants qu'elle était en droit d'en espérer.

Bien que la situation commerciale se fût sensiblement éclaircie pendant le premier semestre de 1878, par suite de l'arrêt de la baisse des prix des combustibles minéraux, l'augmentation de la consommation de la *Région du Nord* était plus que compensée par les offres des Compagnies houillères françaises et étrangères ; les prix de vente restaient très affaissés ; ils étaient, en moyenne, tombés plus bas qu'en 1869. Cependant, l'amélioration dans les demandes était très marquée, et l'Exposition universelle, qui s'annonçait sous les plus brillants auspices, devait l'accentuer encore et permettre à toutes les industries de la Région du Nord de se relever promptement et de reprendre leur brillant essor.

La Compagnie d'Anzin ne comprit pas que la situation exigeait impérieusement un changement de système et des mesures radicales, pour arrêter la diminution constante de ses bénéfices, malgré l'amélioration de ses prix de revient; les exigences du commerce et de l'industrie n'avaient pas permis de renouveler certains marchés importants en temps utile; la production moyenne de l'ouvrier mineur baissait sensiblement; au lieu de préparer largement ses grands travaux, elle crut devoir réduire sa production par le chômage des travaux d'exploitation pendant la journée du lundi de chaque semaine.

Depuis les derniers mois de 1877, les tâches au marchandage, dans toutes ses exploitations, avaient été considérablement augmentées, afin d'amener l'ouvrier mineur, par un travail plus soutenu et une présence plus longue dans les travaux, à une forte augmentation de sa production moyenne, tout en abaissant la dépense de la main-d'œuvre par tonne de houille extraite ; la suppression de l'extraction de la journée du lundi devait avoir pour effet immédiat l'abaissement des salaires, tout en forçant l'ouvrier mineur à produire encore davantage : c'était, poussée à l'extrême, l'application, sans mesure, du système qui semblait prévaloir depuis plus de deux ans, et qui n'avait donné jusqu'alors que des résultats commerciaux déplorables.

Forcé de travailler plus longtemps et de produire plus encore pour un salaire réduit de beaucoup, l'ouvrier mineur à la veine était arrivé à une production plus forte, il est vrai, mais qui ne pouvait compenser la moindre qualité des charbons produits; les prix de vente subissaient naturellement le contre-coup de ce nouvel état de choses, et les concessions faites aux consommateurs affectaient sensiblement les bénéfices qui auraient dû être réalisés.

Si la Compagnie d'Anzin perdait des clients par suite de l'impureté de plus en plus grande de certains charbons, qui faisaient prime jadis, si elle était obligée d'abaisser ses prix de vente, si elle écoulait difficilement sa production, il fallait l'attribuer aux allures irrégulières de certaines veines, aux difficultés croissantes des travaux, aux résistances de la main-d'œuvre à comprendre l'absolue nécessité de se plier aux exigences de la situation, surtout à la concurrence acharnée des Compagnies rivales; ces raisons, qui pouvaient donner le change à certains esprits prévenus, n'étaient pas de nature à ouvrir les yeux les plus intéressés sur les causes d'un état que l'on ne voulait pas s'avouer; de beaux rapports, bien ordonnés, démontraient clairement que le seul remède consistait à ralentir et à remettre à des temps meilleurs certains travaux préparatoires dont l'urgence absolue n'était pas très bien démontrée, à exploiter à outrance les découverts, à étendre toujours les chantiers d'abatage en forçant la main-d'œuvre à augmenter de plus en plus sa production; que les ressources étaient considérables et qu'il fallait attendre une reprise des affaires pour améliorer l'état général des travaux et établir de nouveaux sièges d'extraction.

Ces mesures ne paraissaient pas avoir leur raison d'être; les besoins de la consommation étaient plus grands qu'en 1877; les autres Compagnies houillères du bassin de Valenciennes écoulaient facilement leur production normale et ne sentaient nullement le besoin de réduire leur extraction, qui augmentait chaque jour, pour beaucoup des plus importantes, ni de suivre l'exemple, que leur donnaient certains charbonnages belges et allemands, d'un chômage de un ou deux jours par semaine.

Dès le mois de mars 1878, un mécontentement général de toute la population ouvrière se manifestait clairement, dans les principaux centres, aux yeux exercés qui suivaient de près les différentes phases de cette période aiguë de la crise.

L'abaissement des prix de revient ne répondit pas à

l'effort que la Compagnie d'Anzin avait fait, ni aux moyens héroïques employés ; elle voyait ses bénéfices diminuer de jour en jour, et exigeait, par suite, de ses ouvriers mineurs une production de plus en plus élevée en charbons plus propres ; d'autre part, l'ouvrier mineur à la veine voyait son salaire diminuer à chaque règlement de quinzaine malgré un travail plus soutenu et plus intense.

Nombre de bons ouvriers à la veine, et les meilleurs, avec leurs familles, quittaient certains centres pour aller, comme à la suite de chaque crise l'avaient fait leurs nombreux devanciers, grossir les rangs des ouvriers mineurs des Compagnies houillères du Pas-de-Calais, qui s'empressaient de les accueillir, et de les employer souvent comme chefs et comme moniteurs de leurs recrues inhabiles.

A la fin du mois de juin, l'état général des esprits indiquait nettement une crise prochaine ; on eût pu encore, à ce moment, prévenir la grève qui s'annonçait, par la cessation du chômage du lundi, et par quelques ménagements dans la conduite des ouvriers ; on ne le fit pas.

Elle devint générale dans tous les établissements de la Compagnie d'Anzin, et s'étendit à quelques fosses des Compagnies houillères voisines ; seuls tous les ouvriers mineurs de Denain se montrèrent sourds à toutes les instances et à toutes les provocations : ils continuèrent à travailler paisiblement, en attendant le moment opportun pour formuler pacifiquement leurs réclamations, et, sous la conduite de leurs chefs immédiats, ils se chargèrent eux-mêmes de la police des établissements de la Compagnie et de toute la localité.

Le 22 juillet, le Conseil de Régie de la Compagnie d'Anzin, réuni à Saint-Vaast-là-Haut, décidait le rétablissement du travail du lundi : c'était trois semaines trop tard.

Les grévistes n'avaient formulé que des réclamations confuses, malséantes même, indiquant des esprits aigris et dévoyés ; il leur fut répondu, d'abord par une lettre du directeur général, en date du 23 juillet, adressée à tous les directeurs divisionnaires, puis par une *note sur les salaires et la situation des ouvriers mineurs de la Compagnie d'Anzin*, également signée par le directeur général.

Lettre et note produisirent le plus mauvais effet, en affectant de ne pas voir les causes réelles de la grève, que tout le monde connaissait parfaitement; ces deux documents historiques, curieux à plus d'un titre, sont à méditer et à relire dans leur intégralité pour bien se rendre compte du désarroi qui régnait alors dans les sphères administratives de la Compagnie d'Anzin : ils ne faisaient que confirmer, en l'aggravant, le système qui avait été appliqué sans mesure, et qui venait d'aboutir à un si beau résultat.

Comme la plupart des grèves du même genre, celle-ci se termina par la reprise successive des travaux d'exploitation, sans autre concession que la suppression du chômage du lundi.

Pendant le premier semestre 1878, l'extraction totale de la Compagnie d'Anzin avait dépassé de 38,000 tonnes sa production du premier semestre 1877 ; cette augmentation permit à l'extraction totale de l'année, malgré la grève, de se maintenir à 2,086,000 tonnes, inférieure de 33,000 tonnes seulement à l'extraction totale de 1877. La production moyenne par ouvrier du fond avait été de 192 tonnes, un peu inférieure à celle de 1877, ayant exigé une dépense de main-d'œuvre de 5 fr. 91 par tonne de charbon extrait; sur ce point il y avait une amélioration de 0 fr. 18 sur l'année 1877; c'était peu, comparé aux résultats obtenus par les autres Compagnies houillères du bassin de Valenciennes, qui n'avaient pas eu besoin d'une grève pour abaisser, en moyenne, leur dépense de main-d'œuvre de 0 fr. 40 par tonne de charbon extrait.

La consommation des combustibles minéraux dans la Région du Nord de la France s'était élevée de 11 millions 550,000 tonnes en 1877 à 11,813,000 tonnes en 1878, et la production des houillères du bassin de Valen ciennes, autres que la Compagnie d'Anzin, à 4,983,000 tonnes.

En 1879, la consommation de la Région du Nord s'accrut de 700,000 tonnes, et atteignit 12,514,000 tonnes; les importations anglaises et allemandes se maintenaient au chiffre de celles de 1877, en augmentation sensible sur celles de 1878; la consommation des houilles belges s'était accrue de 285,000 tonnes et était remontée à 4,028,000 tonnes.

La production des houillères du Bassin du Nord était à peu près stationnaire; seule, la production des houillères du Bassin du Pas-de-Calais avait subi une augmentation de 347,000 tonnes, soit de 9 0/0 sur celle de 1878, et était arrivée à 4,176,000 tonnes.

La Compagnie d'Anzin avaif vu son extraction totale rester à 2,007,000 tonnes; malgré ses immenses ressources, sa production était retombée à moins de 1/6 de la consommàtion totale de la *Région du Nord*; elle avait dépensé 5 fr. 80 de main-d'œuvre par tonne de charbon extrait; c'était une amélioration de 0 fr. 11 sur la dépense moyenne de main-d'œuvre de 1878, pendant que la production moyenne de l'ouvrier mineur s'élevait de 191 à 207 tonnes.

Mais les autres Compagnies houillères du bassin de Valenciennes avaient obtenu des résultats bien autrement remarquables, tout en augmentant considérablement leur extraction, et sans arrêter la préparation régulière de leurs travaux d'exploitation.

La Compagnie *d'Aniche* était arrivée à une production moyenne de 245 tonnes par ouvrier mineur, avec une dépense des salaires de 5 fr. 02 par tonne de charbon extrait; *Vicoigne*, à 237 tonnes avec 4 fr. 16; *Fresnes-Midi-Thivencelles*, 230 tonnes avec 5 fr. 46; *Azincourt*, 203 tonnes avec 4 fr. 56; *L'Escarpelle*, 295 tonnes avec 4 fr. 74; *Courrières*, 242 tonnes avec 4 fr. 40; *Lens*, 280 tonnes avec 4 fr.; *Bully-Grenay*, 292 tonnes avec 2 fr. 76; *Marles*, 231 tonnes avec 4 fr. 80; *Liévin*, 319 tonnes avec 4 fr. 25; *Vendin*, 204 tonnes avec 5 fr. 26; *Meurchin*, 212 tonnes avec 5 fr. 45; *Ostricourt*,

227 tonnes avec 5 fr. 65; *Nœux*, 245 tonnes avec 4 fr. 90; *Bruay*, 248 tonnes avec 5 fr. 87.

La Compagnie de *Bruay*, qui ne produit que des charbons gras à gaz, grâce aux grands travaux préparatoires qu'elle avait entrepris, était la seule Compagnie houillère importante du bassin de Valenciennes qui, malgré le chiffre élevé de sa production moyenne par ouvrier mineur, eût une dépense de main-d'œuvre supérieure de 0 fr. 07 à la dépense moyenne de la Compagnie d'Anzin.

Cependant, le salaire moyen de l'ouvrier mineur de toutes ces Compagnies houillères était supérieur à celui de l'ouvrier mineur de la Compagnie d'Anzin.

Malgré l'augmentation considérable de la consommation des combustibles minéraux dans la Région du Nord, les prix de vente des houilles avaient peu varié; ils s'étaient légèrement améliorés pour certaines sortes de combustibles, mais la Compagnie d'Anzin n'en avait pas ressenti l'influence, et sa situation s'aggravait au lieu de s'améliorer.

Lancée dans la voie des économies à outrance, elle en était arrivée à ne plus même faire aux bâtiments de ses principaux établissements les réparations nécessaires pour assurer leur conservation, afin de faire baisser ses prix de revient; certains même semblaient tomber en ruines; le matériel d'exploitation des mines n'était pas dans une situation bien meilleure, et, dans plusieurs établissements, les appareils à vapeur, surmenés et mal entretenus, étaient dans l'état le plus déplorable : il fallait songer à les remplacer en grande partie.

La réduction du nombre des ouvriers dans certaines exploitations encombrées avait permis la faible augmentation obtenue de la production moyenne de l'ouvrier mineur, et la diminution apparente des prix de revient par l'arrêt complet des travaux préparatoires pendant plusieurs mois de cette même année; les fournitures de petit matériel avaient été de plus en plus réduites.

Aussi, pour regagner le temps perdu en recherches souvent infructueuses, les ouvriers étaient obligés à un travail plus long et plus actif, et produisaient des charbons de moins en moins propres qui amenaient les plaintes fondées des consommateurs, et forçaient la Compagnie d'Anzin à des concessions continuelles.

Afin de diminuer autant que possible ces causes de dépréciation et de diminution dans ses bénéfices, dont elle ne se rendait pas bien compte, la Compagnie d'Anzin avait résolu l'installation de criblages et de triages mécaniques destinés à livrer à la consommation des produits plus purs et mieux appropriés à ses besoins, l'établissement de lavoirs perfectionnés, et la construction d'une nouvelle fabrique d'agglomérés de houilles, devant lui permettre de livrer aux diverses industries de la Région du Nord des charbons et des combustibles agglutinés de premier choix, fabriqués avec ses produits inférieurs ramenés à un degré de pureté suffisant.

La Compagnie d'Anzin décida, en outre, la création de deux nouveaux sièges d'extraction sur le faisceau des houilles demi-grasses d'Anzin, l'un au Nord de Denain sur le territoire d'Hellesmes, l'autre au Nord d'Escaudain; elles étaient toutes deux destinées à exploiter, *dans le comble du Nord (au Nord du cran de retour)*, les charbons demi-gras, si estimés, des fosses Casimir-Périer, Saint-Marck, Haveluy, Dutemple, Saint-Louis, Bleuse-Borne et Thiers.

Depuis 1872, son extraction totale était restée stationnaire, pendant que la production des autres Compagnies houillères du bassin de Valenciennes s'élevait de *5,877,000 tonnes* à *7.450,000 tonnes*, par une augmentation progressive de 26.8 0/0; la production moyenne de ses ouvriers mineurs était la moins forte et sa dépense de main-d'œuvre par tonne de houille extraite la plus élevée. Ces mauvais résultats étaient l'indice certain de travaux d'exploitation mal conçus et mal dirigés, et il était inutile de rejeter sur des causes secondaires l'infériorité grande dans laquelle elle se trouvait.

Et, cependant, elle avait eu recours à tous les moyens pour essayer de maintenir une situation impossible qu'il eût été bien facile de relever quelques années auparavant sans dépenses beaucoup plus élevées, mais avec des travaux mieux entendus et une saine appréciation des besoins de la consommation.

La Compagnie d'Anzin continuait à suivre, pour l'exploitation de ses mines, les errements qui, depuis quelques années, lui avaient donné de si piètres résultats, et qui n'avaient aucun rapport avec l'art de l'ingénieur; ce n'était plus, comme jadis, chez elle que l'on venait s'instruire dans l'art de l'exploitation des mines, et, quoi qu'elle en pût penser, les *jeunes ingénieurs* des autres Compagnies houillères du bassin de Valenciennes méritaient mieux qu'une comparaison indigne d'elle et d'eux.

Elle persista plus que jamais dans ses résolutions antérieures, et continua en 1880 à suivre les mêmes errements en les accentuant encore; elle ralentit, dans une plus large mesure qu'en 1879, l'exécution des travaux préparatoires, afin de disposer d'un nombre de bras plus considérable dans ses travaux d'exploitation; sa production totale atteignit 2,345,000 tonnes, en augmentation de 17 0/0 sur celle de 1879; elle se maintenait au 1/6 de la consommation totale de la *Région du Nord*; la production moyenne de l'ouvrier mineur s'était élevée à 220 tonnes, avec 5 fr. 64 de dépense de main-d'œuvre par tonne de charbon extrait; c'était un progrès énorme quant à la production, et une amélioration sensible sur le prix de revient, réalisés pour saluer la retraite définitive du directeur-général, mais au prix de quels sacrifices de toute nature!

Les bâtiments des principaux sièges d'extraction demandaient depuis longtemps des réparations toujours ajournées; le matériel surmené, mal entretenu et parfois délaissé, exigeait des dépenses considérables pour être remis à même de suffire à l'exploitation des mines; les principaux sièges d'extraction étaient à bout de ressources; il devenait d'une nécessité absolue d'en créer de nouvelles et de faire de grands sacrifices; on se contenta de poursuivre le creusement du puits d'extraction de la fosse de Lambrecht sur le territoire d'Hellesmes, et d'amorcer le puits d'extraction de la fosse d'Escaudain.

Les nouveaux lavoirs installés à Anzin et à Denain, la nouvelle fabrique de briquettes d'Anzin ne donnaient que des résultats économiques négatifs, et il semblait que, là encore, il y avait eu un engouement peu judicieux et fort coûteux pour les procédés employés par certains exploitants qui en avaient reconnu la nécessité absolue dans le traitement et pour la transformation de leurs produits.

Pendant cette année 1880, la consommation des combustibles minéraux dans la région du Nord de la France s'était élevée à 13,740,000 tonnes, supérieure de 1,220,000 tonnes à celle de 1879; l'augmentation avait été de 9,7 0/0; les Compagnies houillères du bassin de Valenciennes, autres que la Compagnie d'Anzin, avaient produit 6,162,000 tonnes de houille, en augmentation de 720,000 tonnes sur leur production de 1879, c'est-à-dire de 13,2 0/0; elles avaient obtenu une production moyenne beaucoup plus forte que la Compagnie d'Anzin, avec une moindre dépense de main-d'œuvre par tonne de houille extraite :

Aniche avait produit 261 tonnes par ouvrier mineur, avec une dépense de 4 fr. 81 de salaires par tonne; *Vicoigne*, 254 tonnes avec 4 fr. 10; *Fresnes-Midi-Thivencelles*, 209 tonnes avec 4 fr. 71; l'*Escarpelle*, 286 tonnes avec 4 fr. 74; *Courrières*, 290 tonnes avec 4 fr.; *Lens*, 368 tonnes avec 3 fr. 83; *Bully-Grenay*, 336 tonnes avec 4 fr. 84; *Marles*, 252 tonnes avec 4 fr. 70; *Liévin*, 321 tonnes avec 4 fr. 27; *Vendin*, 246 tonnes avec 5 fr. 09; *Meurchin*, 250 tonnes avec 5 fr.; *Ostricourt*, 255 tonnes avec 4 fr. 83; *Nœux*, 268 tonnes avec 4 fr. 50; *Bruay*, 236 tonnes avec 6 fr. 01 (à cause de ses grandes dépenses en travaux préparatoires); seules, les Compagnies houillères de *Douchy* et de *Dourges* avaient obtenu des résultats aussi peu brillants que la Compagnie d'Anzin : *Douchy* avait produit 227 tonnes par ouvrier mineur, avec une dépense moyenne de 6 fr. 06 par tonne de charbon extrait, et *Dourges*, 220 tonnes avec 5 fr. 91;

mais ces deux Compagnies houillères, ainsi que celle de Bruay, ne produisent que des charbons gras et à gaz.

Malgré tous ses efforts et une production poussée par tous les moyens possibles, la Compagnie d'Anzin, surmenant ses exploitations, son matériel et son personnel, s'éloignait de plus en plus des résultats normaux acquis par ses rivales du bassin de Valenciennes; elle était cependant arrivée à réaliser un bénéfice moyen de 1 fr. 38 par tonne de houille vendue à la consommation ou livrée à ses usines de transformation; mais, pour maintenir son dividende des années 1878 et 1879, elle était obligée de recourir à ses réserves, afin de solder ses dépenses extraordinaires et de premier établissement.

Les prix des combustibles minéraux s'étaient maintenus aux mêmes taux qu'en 1879; la légère amélioration du marché de la région du Nord, au mois d'octobre 1880, n'avait pas permis une augmentation bien sensible du prix des charbons; la faible augmentation des bénéfices que la Compagnie d'Anzin aurait pu réaliser, grâce à la majoration des prix de certains produits, avait été annulée par la grève partielle qui éclata le 20 octobre à la fosse de *Turenne*, à Denain, et s'étendit aux fosses de *Renard* et de l'*Eclos*; puis, partiellement, aux fosses de *Thiers* et de la *Bleuze-Borne*, à Anzin.

C'était la suite de la grève de 1878; elle se termina de la même manière que celle-là, pour la Compagnie d'Anzin et pour les ouvriers grévistes.

Au commencement de l'année 1881, après une étude aussi exacte que possible de la situation de ses établissements, la Compagnie d'Anzin conclut à *une dépense urgente de six millions de francs* pour remettre en état son matériel et ses exploitations, dont plusieurs étaient dans des conditions économiques déplorables et incroyables; mais le temps faisait défaut; il fallait, avant toutes choses, sans trop de dépenses nouvelles, essayer de maintenir la situation acquise, et attendre les bénéfices à réaliser sur la vente des produits pour mettre à exécution les grands travaux préparatoires productifs.

Les réformes apportées dans l'organisation du personnel de tous les services lui permirent la suppression de nombre d'emplois, par une distribution plus judicieuse des attributions, et la réalisation d'une économie totale de plusieurs centaines de mille francs sur les salaires et les frais généraux qui affectaient ses prix de revient et ses bénéfices.

Mais elle avait persisté dans le système d'exploitation suivi depuis près de dix ans, qui n'avait fait que se développer au lieu de se restreindre, et qui allait porter tous ses fruits, bien que les prix de vente des combustibles dans la région du Nord eussent subi une légère amélioration, de peu de durée, il est vrai, au commencement de l'année 1881.

Aussi, malgré la mise en extraction des travaux d'exploitation de la nouvelle fosse de *Lambrecht,* sur le territoire d'Hellesmes, sa production de l'année 1881 atteignit seulement 2,294,727 tonnes, plus faible de 89,000 tonnes que celle de 1880; le déchet subi par suite du nettoyage des produits avant leur livraison à la consommation ou à ses usines de transformation, était arrivé à 190,000 tonnes, soit 8,5 0/0 de la production totale.

La Compagnie avait réalisé, par l'exploitation de son chemin de fer, un bénéfice sensiblement égal à celui de l'année 1880, qui s'était élevé à 1,137,144 fr. 02; les produits étrangers à l'exploitation de ses mines et de son chemin de fer, ajoutés à ses bénéfices totaux, n'avaient pas suffi à porter la somme à distribuer à ses associés au total nécessaire à la répartition, pour le second semestre de 1881, d'un dividende de 5,000 fr. par denier; elle avait dû prendre à son fonds de réserve une somme de 611,932 fr. 54; c'était, pour deux années, un prélèvement de 952,262 fr. 50, afin de maintenir ses dividendes annuels à 10,000 fr. par denier.

Cette puissante Compagnie, après avoir été, pendant trois quarts de siècle, l'initiatrice des principaux progrès réalisés en France et même en Belgique, dans l'art de l'exploitation des mines, après avoir été amenée, quoique à pas bien lents, depuis 1845, à un degré de prospérité inouï, sans exemple jusqu'ici, grâce à une administration sage et prévoyante et aux hommes éminents quoique modestes qui, depuis sa constitution, avaient conduit ses travaux et dirigé ses affaires, a été amenée, par la mauvaise impulsion qui lui a été donnée dans ces dernières années, à l'état où nous la voyons maintenant.

Cependant, si, en 1875-1876, elle eût étudié de plus près sa situation économique, celle de ses diverses exploitations et de ses usines de transformation, elle eût pu se préparer largement à soutenir victorieusement, comme ses rivales du bassin de Valenciennes, la crise qui s'annonçait intense, et devait se prolonger pendant plusieurs années; elle eût reconnu qu'il lui suffisait d'une somme de moins de deux millions seulement, ajoutée aux différentes sommes qu'elle devait dépenser depuis en travaux préparatoires coûteux et souvent rendus inutiles, exécutés avec peine jusqu'aujourd'hui (non compris ses travaux de premier établissement), pour amener, en 1881, son extraction totale à 2,600,000 tonnes au minimum; maintenir constamment sa dépense moyenne de main-d'œuvre par tonne de houille extraite à 0 fr. 75 au moins au-dessous de celle de chaque année; abaisser ses prix de revient de plus d'un franc par tonne, tout en maintenant une partie des salaires par l'augmentation très sensible de la production moyenne annuelle de l'ouvrier mineur, qui aurait pu atteindre normalement 230 tonnes et s'y maintenir pendant de longues années.

Les économies ruineuses qu'elle avait réalisées avec tant de peine et par des moyens héroïques, l'avaient, en six années, peu à peu amenée dans cette situation unique, dont aucune Compagnie houillère ne peut offrir d'exemple.

L'étude d'ensemble de l'histoire du développement de la Compagnie d'Anzin et des transformations successives de son organisation intérieure, tant au point de vue administratif qu'à celui des services techniques, montre une propension naturelle à se développer dans son propre milieu, sans admission d'éléments étrangers.

Cette tendance traditionnelle a eu sa raison d'être pendant la longue période de quatre-vingts ans où elle est restée en possession du monopole de la production de la houille dans la région du Nord de la France ; la cherté des transports et la protection douanière lui permettaient d'améliorer lentement ses méthodes, son matériel, et même son personnel exploitant, qui se formait par la pratique de ses travaux, et cela, sans être pressée par la concurrence des Compagnies houillères françaises rivales.

Sa prospérité se développait normalement, en raison directe de la prospérité industrielle et de la richesse de la région du Nord ; elle pouvait regarder avec calme l'avenir réservé aux exploitations de ses immenses richesses, sans craindre leur épuisement avant plusieurs siècles ; elle paraissait devoir toujours conserver cette prééminence incontestée que lui avaient value et ses habitudes commerciales et les soins paternels dont elle entourait la population ouvrière de ses mines ainsi que son nombreux personnel d'employés.

Malheureusement, la longue habitude qu'elle avait prise de cette supériorité grande sur toutes ses rivales étrangères l'aveugla au point qu'elle ne sut pas, après la découverte du bassin du Pas-de-Calais, se rendre un compte bien exact de la valeur de son personnel exploitant et de ses méthodes ; elle crut, par de simples changements administratifs, mettre sa situation à la hauteur de la situation commerciale et de la concurrence de plus en plus vive que lui faisaient ses jeunes rivales ; et, tandis que celles-ci recherchaient les hommes techniques de valeur pour conduire leurs travaux d'exploitation et les développer suivant les méthodes les plus rationnelles et les plus économiques, tandis que leur organisation intérieure demeurait stable, une fois reconnue en rapport avec leurs exigences administratives, techniques et commerciales, la Compagnie d'Anzin ne parvenait pas à asseoir sur des bases rationnelles bien étudiées l'administration de ses divers services.

Au lieu de chercher à retenir les éléments étrangers à sa population ouvrière qui, de temps à autre, se trouvaient amenés à diriger ses travaux, elle ne semblait tenir compte que des droits acquis, et, peu à peu, tous ces éléments étrangers, instruits et travailleurs, étaient éliminés par l'influence prépondérante du milieu.

Ce système a été la source d'abus énormes.

La Compagnie d'Anzin a eu recours aux ingénieurs les plus éminents pour connaître la vérité sur l'état réel de ses travaux et de son matériel, et pour étudier le fonctionnement de son organisation administrative, et cela sur l'initiative même de son nouveau directeur, qui tenait à faire contrôler ses propres observations par des hommes d'une compétence incontestable et étrangers à la Compagnie.

C'est dans cette voie nouvelle qu'elle croit avoir trouvé les moyens de reconquérir la situation brillante qu'elle occupait autrefois ; mais, malgré la déférence grande que l'on doit avoir pour les moyens qui lui sont recommandés pour y parvenir, et dont quelques-uns commencent à être mis en pratique, il est à craindre qu'ils ne produisent pas tous les résultats qu'on serait en droit d'en attendre.

L'organisation du personnel sera le premier point sur lequel la Compagnie d'Anzin devra mettre la lumière; c'est pour elle une question de vie ou de mort, et il est à croire qu'elle n'hésitera pas lorsqu'elle se sera rendu un compte exact des causes qui l'ont amenée dans la situation grave où elle se trouve.

Le cataclysme qui a mis fin à la formation houillère dans tout l'hémisphère boréal a été causé par plusieurs mouvements ondulatoires simultanés de l'écorce terrestre, joints à des contractions et à des affaissements d'une grande puissance.

La période de végétation très active qui caractérise la formation des dernières strates du terrain houiller fut suivie d'une longue période stérile, amenée par un refroidissement considérable de cette partie de la planète, probablement à la suite du déplacement de son axe.

Cependant, malgré la grandeur des phénomènes géologiques qui ont été la conséquence de ces mouvements, aussi puissants en profondeur qu'en surface, la lenteur relative avec laquelle ils se sont produits a permis, dans la plupart des bassins, aux strates des terrains paléozoïques de conserver l'ordre dans lequel elles se sont déposées.

Les eaux et les vagues des mers permienne et jurassique ont peu à peu nivelé la surface supérieure, profondément bouleversée et déchirée, de ce qui restait des dépôts houillers, et rempli avec les débris de ses roches et des terrains encaissant, les nombreuses failles qui s'étaient ouvertes dans la masse de la formation.

Les belles et nombreuses études stratigraphiques qui ont été faites à la suite des travaux d'exploitation des divers districts ont permis de reconstituer peu à peu l'ensemble de la formation houillère du Nord-Ouest de l'Europe; une grande partie du bassin principal, surtout celle de Liège à Fléchinelle, a pu être ainsi étudiée dans son ensemble; la plupart des accidents géologiques qui l'ont affectée sont aujourd'hui suffisamment connus pour que les exploitants n'aient plus guère à exercer leur sagacité que sur des accidents secondaires qui ne peuvent entraver la marche régulière de l'exploitation de ses divers bassins.

Le long mouvement ondulatoire qui a brisé la masse des terrains paléozoïques dans le sens du parallèle qui est comme l'axe de la longue vallée houillère du Nord-Ouest de l'Europe, a produit, dans toute la partie méridionale, un effet de bascule qui a rejeté le centre de la formation, et toutes les couches qu'elle renfermait, à des profondeurs énormes, pendant que les terrains encaissants, évoniens et siluriens, soulevés et parfois culbutés, venaient former au Sud-Sud-Est les massifs du Condroz et le plateau des Ardennes, en refoulant au Nord les strates moins résistantes du terrain houiller et en les recouvrant sur la plus grande partie de sa lisière méridionale.

La partie Nord de la masse de la formation houillère, en s'affaissant vers le centre du bassin, a subi des mouvements de glissement qui l'ont parfois plissée perpendiculairement à l'axe du bassin, en la déchirant sur une rgande partie de sa puissance; les failles qui se sont alors ouvertes se sont remplies par les débris du terrain houiller et des terrains encaissants; leur importance et leur puissance en profondeur sont très variables; elles affectent naturellement beaucoup plus les strates supérieures de la formation que les autres; elles diminuent de puissance en profondeur.

Dans la partie du bassin de Valenciennes, comprise entre la frontière belge et Douai, la faille principale est le *cran de retour;* elle suit la direction Est-Ouest, presque dans l'axe de l'ancienne vallée houillère de Quiévrain, au Nord de Douai; le talus qu'elle forme le long du comble du Nord a une inclinaison Sud qui varie de 48° à 75° dans les diverses exploitations où elle a été rencontrée; elle suit le pendage des strates du comble du Nord.

Pendant la descente du comble du Midi le long du cran de retour, et le refoulement de ses roches par le soulèvement du Sud, la partie qui glissait le long du talus formé par la faille a été retenue par le frottement et la pression qu'elle subissait; il en est résulté, presque parallèlement au *cran de retour*, deux cassures à peu près verticales, autres failles produites par l'enfoncement plus rapide de la plus grande masse de la partie méridionale du bassin; en profondeur, à près de 2,000 mètres, ces deux failles se relient au *cran de retour*.

La partie du terrain houiller qui est comprise entre le cran de retour et la deuxième faille parallèle du Midi, appelée *deuxième branche du cran de retour*, forme un immense coin qui ne renferme plus aujourd'hui qu'une partie des couches combustibles du comble du Midi ; de Quiévrain au Nord de Valenciennes, son importance est très faible ; mais, entre Denain et Escaudain, sa surface d'affleurement atteint sa plus grande largeur vers le centre du bassin, où elle est de 800 mètres environ au tourtia ; elle diminue rapidement de Denain à Somain, où les deux branches du cran de retour sont presque confondues.

La partie Est du comble du Midi, de Valenciennes à la frontière belge, s'est enfoncée à une profondeur de plus en plus grande en allant vers Quiévrain ; elle semble être descendue de 2,300 mètres entre Quiévrain et Boussu, où elle est en partie recouverte par la retombée des roches anthraxifères encaissantes. C'est vers ce point, qui paraît correspondre à la profondeur *maximum* du vide immense qui s'est ouvert au-dessous du comble du Midi, entre Valenciennes et Mons, que les strates du comble du Nord ont glissé, de l'Ouest à l'Est, en même temps qu'elles s'inclinaient au Sud ; de là proviennent les quelques dressants qui se rencontrent dans le comble du Nord et les crochons dont les lignes d'ennoyage convergent toutes vers ce même point.

Dans l'axe de l'emplacement de la ville de Condé-sur-Escaut, une faille transversale s'est ouverte de l'Ouest à l'Est; elle suit le thalweg de la vallée de la Haine et de celle de l'Escaut, entre Condé et Thun ; il en est résulté, pour cette partie du comble du Nord, un double affaissement vers le *cran de retour* et vers cette faille secondaire qui coupe normalement ses strates, pendant que la masse de cette partie du bassin glissait, en se déchirant, vers le point de rencontre de ces deux failles.

Un petit golfe qui est rempli par les dépôts du terrain houiller s'est formé par l'effet du glissement des deux parties avoisinantes vers le centre de l'affaissement général ; le sommet semble avoir été retenu dans son mouvement de descente, et les couches du terrain houiller et des roches encaissantes se sont affaissées en sens contraire au Nord et au Sud de cette faille transversale, en convergeant vers son axe.

La partie de la formation houillère qui forme le pourtour de ce golfe s'est déchirée en plusieurs points; les failles qui en sont résultées limitent souvent les exploitations qui ont été ouvertes dans leur voisinage, et dont elles ont pris les différents noms.

Dans leur ensemble, les strates de la partie Nord du bassin, de la frontière belge à Somain, se sont inclinées au Sud en glissant à l'Est vers la partie la plus basse de l'affaissement, qui paraît se trouver à l'intersection du cran de retour et de la faille de Condé; leur pendage Nord-Sud varie de quelques degrés vers la limite Nord du bassin, à 40° auprès du cran de retour; leur allure est régulière et n'est interrompue que par les petites failles transversales qui se sont ouvertes pendant le glissement général du comble du Nord; elles exercent la sagacité des exploitants par suite des rejetages souvent importants qui en ont été la conséquence.

L'exploitation des richesses minérales du comble du Nord est, en général, la plus facile et la plus fructueuse.

La limite Nord du bassin a pu être assez exactement déterminée par les travaux de recherches et les nombreux sondages dont elle a été l'objet depuis quatre-vingts ans.

La partie Sud du bassin houiller qui a été la plus tourmentée par les affaissements et le refoulement des roches du Midi n'a pas une limite bien déterminée; le calcaire carbonifère et les strates du terrain dévonien, qui le recouvrent sur une grande largeur, ont apporté aux travaux de recherches des obstacles de toute nature qui n'ont pas toujours pu être surmontés avec fruit.

Sous le sol de Valenciennes, le terrain dévonien est venu recouvrir le terrain houiller à 800 mètres du *cran de retour;* le refoulement du Midi, joint au mouvement de bascule qui s'est produit simultanément, a culbuté la lisière méridionale du bassin en la rejetant au Nord à une distance d'au moins dix kilomètres; la partie supérieure de la formation houillère ayant été enlevée par les érosions, les roches encaissantes qui limitent aujourd'hui son affleurement au Sud n'ont été refoulées et culbutées que sur une largeur de six kilomètres environ.

Cette largeur du comble du Midi, limitée par l'affleurement des roches retombées, diminue dans la direction de Quiévrain, où elle devient nulle; entre Quarouble et Crespin, un lambeau de calcaire carbonifère culbuté recouvre presque entièrement le comble du Midi.

Au-delà de Valenciennes, dans la direction de l'Ouest, les affleurements du terrain anthraxifère s'éloignent de plus en plus du *cran de retour* jusqu'à Douchy, pour s'en rapprocher vers Douai; la partie la plus large de l'affleurement du comble du Midi se trouve dans la méridienne de l'axe de la cuvette de Denain, qui est le reste du centre de cette partie du bassin; elle a environ sept kilomètres dans sa plus grande largeur, entre la première branche du *cran de retour* et l'affleurement de la retombée du calcaire carbonifère et des strates du terrain dévonien.

C'est grâce à cet éloignement des roches encaissantes refoulées qu'une partie de la cuvette de Denain a pu descendre en masse le long du *cran de retour* sans être trop tourmentée par la pression du refoulement du Midi; seule, la partie de la formation située au Sud de la cuvette a replié ses strates sur elles-mêmes, dans toute la surface comprise entre Denain et Douchy.

La partie du comble du Midi du bassin de Valenciennes, comprise entre la frontière belge et Aniche, n'a pas la régularité de la partie Nord; les affaissements énormes qu'elle a subis, le refoulement considérable de la partie supérieure de la formation entre Trith-Saint-Léger et Quarouble, l'irrégularité des affleurements des terrains carbonifères et dévoniens qui en limitent la surface supérieure au Midi, modifient constamment l'allure des exploitations de cette partie du bassin; les nombreuses failles qui l'affectent rendent souvent précaire l'exploitation des combustibles minéraux qu'elle renferme.

Entre Wavrechain à l'Est, Rœulx et Escaudain à l'Ouest, cette partie du comble du Midi est celle qui a été la moins tourmentée; l'exploitation de ces richesses minérales devrait être la plus rémunératrice, grâce à ses belles plateures, à l'allure régulière relative de ses couches combustibles et à leur puissance moyenne.

La région comprise entre Rœulx et Escaudain à l'Est, Aniche et Somain à l'Ouest, a été complètement bouleversée et brisée pendant la descente de la partie du comble du Midi comprise entre les deux branches du *cran de retour;* les nombreuses failles qui la divisent dans toute son épaisseur se croisent dans tous les sens; l'affaissement de la partie du Midi de cette région, moins retenue que celle du Nord le long du cran de retour, a rejeté à plus de 1,000 mètres de profondeur, entre Neuville et Auberchicourt, les veines supérieures du faisceau gras de Denain, qui sont, au Sud-Ouest, recouvertes par les terrains anthraxifère et dévonien.

Pendant la période relativement tranquille, dans la région du Nord-Ouest, des formations permienne, triasique et jurassique, toutes les roches de la formation paléozoïque, profondément bouleversées par le cataclysme qui avait arrêté la formation houillère dans son développement, ont été nivelées et enlevées sur une grande épaisseur par les érosions et le travail continu des eaux, qui devaient à peine le recouvrir. Peu à peu les hautes montagnes que devaient former les inégalités des roches soulevées et culbutées furent démolies; à la fin de la période jurassique, la surface de la zone houillère ne présentait plus qu'une immense plaine sous-marine, recouverte d'une faible épaisseur d'eau, dont les légères ondulations peuvent se comparer à celles des plages actuelles alternativement couvertes et découvertes par l'Océan; son nivellement est remarquable; seules, quelques cuvettes de faible profondeur se sont formées et sont encore actuellement remplies par des sables, des argiles et des dépôts détritiques appartenant au néocomien supérieur.

Une seule vallée, d'une étendue encore imparfaitement déterminée, s'est ouverte au-dessous du thalweg de la vallée de la Haisne; sa plus grande profondeur paraît se trouver au-dessous du confluent de la Haisne et de l'Hongneau, où elle peut atteindre 300 mètres; elle s'étend au-delà de la frontière belge, au-dessous d'une partie du bassin du Couchant de Mons.

Le gault recouvre de ses puissantes assises d'argiles plastiques (dièves) la plus grande partie du bassin et de la contrée qui s'étend de Mons aux collines du Boulonnais; son imperméabilité préserve à peu près partout le terrain houiller des infiltrations des eaux des terrains crétacés et tertiaires qui forment la masse des morts-terrains qui le recouvent sur presque toute son étendue.

Les oscillations du sol, qui ont tout à tour immergé et émergé toute la contrée du Nord-Ouest de l'Europe, ont relevé de près de 800 mètres la formation crétacée du Boulonnais, en même temps que le Sud-Est de l'Angleterre, le pays de Liège et les environs de Charleroi; entre Charleroi et les collines du Boulonnais, les morts-terrains qui recouvrent la formation houillère ne se sont soulevés que de moins de 100 mètres en moyenne; leur surface actuelle ne présente qu'une succession de plaines sous lesquelles le bassin houiller du Couchant de Mons et du Nord de la France ne présente nulle part d'affleurements.

Le terrain houiller n'affleure, en France que dans le bassin du Boulonnais, à Réty et à Hardinghen, où la houille est exploitée depuis deux siècles; mais les nombreuses recherches dont ce bassin a été l'objet n'ont pas encore permis d'en reconnaître l'étendue ni de le relier aux bassins du Pas-de-Calais et du Nord; il n'est cependant pas douteux que la formation houillère existe en profondeur entre Fléchinelle et Hardinghen, au-dessous des terrains crétacés qui recouvrent les terrains paléozoïques culbutés,

La partie du bassin de Valenciennes, comprise dans le périmètre des vastes concessions de la Compagnie d'Anzin, renferme la plus grande partie du *comble du Nord* (au nord du *cran de retour*), comprise entre la frontière belge et Somain, et presque toute la partie exploitable du *comble du Midi*, de Quarouble à la route nationale de Marchiennes à Bouchain.

Le long de la limite Nord de ces concessions, au-dessous des morts-terrains, les roches anthraxifères n'affleurent qu'entre le Mont-de-Peruwelz et Wiers, auprès de la frontière belge ; néanmoins une grande partie de la concession de Vieux-Condé, entre Hergnies et la Chapelle de Bon-Secours, peut être considérée comme stérile ; les dépôts anthraxifères qui ont été reconnus par les sondages, dans les concessions de Bruille et de Château-l'Abbaye, et exploités pendant quelques années par la fosse de *Pompéry*, n'ont qu'une très faible importance économique, autant à cause de leur faible puissance totale que par suite de la mauvaise qualité du combustible qu'ils renferment. Il en est de même d'une enclave du terrain anthraxifère, située au nord-ouest de la concession de Fresnes, et de la bande triangulaire dont la base s'appuie sur la limite nord-ouest de la concession d'Anzin, entre Marchiennes et Somain.

Si la partie du comble du Midi des concessions d'Anzin et de Denain, comprise entre Valenciennes et Trith-Saint-Léger, Haulchin et Rouvignies, est considérée comme stérile aujourd'hui, bien que le bassin houiller y existe au-dessous des roches anthraxifères retombées, la surface économiquement exploitable des concessions de la Compagnie d'Anzin se trouve réduite à *25,000 hectares*, qui renferment presque toutes les qualités des houilles exploitées dans les bassins houillers du nord-ouest de l'Europe.

Le sol de la contrée qui s'étend entre Mons et Béthune, au-dessus de la vallée houillère, est formé par les terrains de transport sur une épaisseur qui varie de 0 à 40 mètres. Ces alluvions renferment souvent beaucoup d'eau et contiennent parfois des sables mouvants qui opposent de grandes difficultés au fonçage des puits.

Au-dessous de ces alluvions, le terrain tertiaire inférieur et la partie inférieure de la formation crétacée recouvrent presque partout ce qui reste du bassin houiller.

Deux cuvettes se sont formées dans la tête du terrain houiller, entre la frontière belge et Denain ; elles sont remplies par les débris de ses roches et les dépôts postérieurs.

La plus connue se trouve à l'ouest de Valenciennes : c'est le *Torrent d'Anzin;* l'autre s'étend à l'est de Valenciennes, de Saint-Saulve au-delà de la frontière belge : elle a environ 4 kilomètres de largeur, entre Escaupont et Onnaing : c'est le *Torrent de Vicq;* sa profondeur maximum paraît être de 240 mètres entre Bruay et Onnaing; elle diminue sensiblement vers Condé, où elle n'est que de 160 mètres. Sur la frontière belge, entre Bernissart et Crespin, elle augmente à nouveau jusqu'à 350 mètres et se maintient à ce niveau dans la direction de Mons, au moins jusqu'à Ghlin.

Cette dépression est remplie presque entièrement par le *grès vert*, qui atteint parfois une puissance de 100 mètres et renferme beaucoup d'eau.

Les deux *torrents d'Anzin et de Vicq* ont obligé les premiers mineurs à établir leurs travaux d'exploitation en dehors de leur périmètre, par suite des difficultés insurmontables que leur opposaient l'abondance des eaux et la nature des terrains.

Après l'assèchement partiel du torrent d'Anzin, quelques fosses furent ouvertes sur ses bords, à Saint-Vaast-là-Haut et à Denain ; un seul établissement, celui d'Hérin, fut créé depuis vers la partie moyenne, au sud du centre de la cuvette.

Le torrent de Vicq n'a pu être franchi avec fruit par les premiers travaux de recherches. Dans toute la vallée de l'Escaut, entre Valenciennes et la frontière belge, il n'existe qu'une seule fosse en exploitation ouverte dans son périmètre, celle de *Saint-Pierre*, à l'est de Condé, dans la concession de *Thivencelles*, appartenant à la Compagnie de *Fresnes-Midi.*

La Compagnie d'Anzin n'a jusqu'à présent foncé aucun puits de mines dans le périmètre de la nappe aquifère de Vicq, qui occupe la plus grande partie de la concession de Saint-Saulve.

Cependant, les procédés Kind-Chaudron permettent depuis longtemps de surmonter les difficultés que présente le passage des nappes très aquifères et des terrains ébouleux des torrents. Malgré les nombreux exemples qui lui ont été fournis par les Compagnies houillères de la Région du Nord de la France et de l'Est, aussi bien que des autres parties des bassins houillers du Nord-Ouest de l'Europe, la Compagnie d'Anzin, continuant à suivre ses vieux errements, n'a pas encore osé aborder l'établissement de sièges d'extraction dans ces régions, les plus riches de ses concessions ; elle a laissé inexploités des espaces considérables, ou bien les a exploités dans des conditions impossibles qui ne pouvaient que lui laisser des bénéfices dérisoires, alors que leur exploitation rationnelle devrait être pour elle une source de prospérité continue.

Le pendage général des strates du *comble du Nord* du bassin de Valenciennes a permis depuis longtemps de reconnaître les affleurements des faisceaux de ses couches de houille; de la frontière belge à Somain, ils sont presque entièrement compris dans le périmètre des concesssions de la Compagnie d'Anzin.

Leur concordance stratigraphique est telle qu'il a été possible de fixer à très peu près le passage des affleurements au-dessous du tourtia, et que la position des puits d'extraction et les conditions générales de l'exploitation des couches de houille qu'ils renferment peuvent être presque exactement déterminées avant le commencement des travaux de recherches.

Quatre faisceaux bien caractérisés affleurent dans le comble du Nord ; ce sont, par ordre de formation, les faisceaux de *Fresnes-Vieux-Condé*, de *Fresnes-Midi*, de *Thiers et Bleuse-Borne*, du *Midi de Thiers ;* leurs limites d'affleurement sont sensiblement parallèles au *Cran de Retour*, entre Somain et Valenciennes; elles s'en éloignent au Nord, entre Valenciennes et Quiévrain; l'affleurement du faisceau du Midi de Thiers n'existe, au-dessous du grès-vert, qu'entre Saint-Saulve et Crespin, où il est recouvert en partie par le calcaire carbonifère.

Les houilles que renferment ces faisceaux sont successivement *maigres anthraciteuses*, *maigres flambantes, demi-grasses* et *trois-quarts grasses*.

L'ensemble de cette partie de la formation houillère comprend environ 65 veines de houille, dont 55, reconnues aujourd'hui, sont exploitables; leur puissance varie de 0m40 en charbon, à 1m00; en ne considérant comme économiquement exploitables que les couches de 0m50 et au-dessus, ces quatre faisceaux renferment 36 veines dont la puissance totale est d'environ 23m50 en charbon.

Les veines actuellement connues sont au nombre de 30; leur puissance totale est de 18m90 *en charbon exploitable*; elles se répartissent ainsi entre les quatre faisceaux:

	Nombre des veines	Epaisseur totale	Epaisseur moyenne
Fresnes-Vieux-Condé	10	6m80	0m68
Fresnes-Midi..............	6	4m00	0m66
Thiers et Bleuze-Borne. ...	10	5m40	0m54
Midi de Thiers (Vaines reconnues)	4	2m70	0m68

Leur allure est aussi régulière entre la frontière belge et Somain qu'entre Somain et Douai.

Elles représentent une épaisseur moyenne de 0m63 de charbon exploitable, par veine; l'épaisseur de cette partie de la formation, normalement aux strates, est d'environ 1,450 mètres; elle renfermerait donc seulement une couche de charbon de 0m63 pour 46m de terrain stérile; si toute l'épaisseur de cette partie de la formation était complètement explorée, il est probable que la reconnaissance complète du faisceau des *Trois-Peupliers*, entre le faisceau de *Fresnes-Midi* et celui de *Thiers*, augmenterait sensiblement cette richesse combustible.

Le pendage moyen des veines du comble du Nord est de 35 degrés Nord-Sud ; par suite, les galeries à travers-bancs (*bowettes*) des travaux d'exploitation devraient recouper une veine exploitable par 70 mètres de terrain stérile traversé horizontalement ; cette moyenne est toujours dépassée entre les divers faisceaux; elle est moins forte entre les veines d'un même faisceau.

La faible épaisseur des morts-terrains qui recouvrent la plus grande superficie du *Comble du Nord* permet aux différents puits d'atteindre la tête du terrain houiller à des profondeurs qui varient de 30 mètres à Vieux-Condé, jusqu'à 115 mètres à Somain, en suivant une pente régulière ; dans la vallée de l'Escaut, le terrain houiller se trouve à 110 mètres au Nord de Valenciennes, à 240 mètres entre Bruay et Onnaing, à 130 mètres à Thiers, à 175 mètres à la fosse *Saint-Pierre*, de la Compagnie de *Thivencelles-Fresnes-Midi*, et à 350 mètres en face du charbonnage de *Bernissart*, sur la frontière belge.

Tous les puits qui peuvent être ouverts sur les affleurements des quatre faisceaux du Comble du Nord et entre ces affleurements, doivent, par suite de l'inclinaison moyenne de leurs strates, recouper au moins *cinq ou six couches exploitables* jusqu'à la profondeur de 500 mètres ; les *bowettes* de ces différents puits doivent également en recouper autant jusqu'à la distance de 800 à 1,000 mètres ; il s'ensuit que le nombre des veines exploitables que peuvent rencontrer les puits du Comble du Nord jusqu'à 500 mètres de profondeur, sauf le long de la lisière Nord de l'affleurement du faisceau de *Vieux-Condé*, peut être, en moyenne, de 10 à 12, représentant une épaisseur totale de charbon exploitable de $6^{m}30$, en moyenne, sur une relevée de 700 mètres. Cette moyenne serait seulement de 8 veines pour les fosses qui seraient placées entre les faisceaux inférieurs.

L'exploitation des divers faisceaux du Comble du Nord se fait par les mêmes méthodes; les quelques aménagements spéciaux que l'on y remarque dans les travaux des faisceaux demi-gras sont exigés par les petites failles que l'on y rencontre, les rejetages qui en ont été la conséquence, et les crochons de peu d'importance qui proviennent du glissement général vers l'Est-Sud-Est.

Le nombre des ouvriers mineurs qui peuvent être utilement et économiquement employés dans les travaux d'une fosse en exploitation normale n'est pas illimité; il ne paraît guère possible d'en occuper plus de *cinq à six cents* pour en obtenir le maximum d'effet utile par une surveillance facile des travaux plus concentrés.

Dans les exploitations bien ordonnées des bassins du Nord et du Pas-de-Calais, aussi bien que dans les bassins belges et allemands, il est possible d'occuper toujours, à l'abatage du charbon, de 40 à 55 0/0 des ouvriers de toute nature employés dans les travaux du fond des mines.

Dans les exploitations du Comble du Nord du bassin de Valenciennes, quels que soient les faisceaux exploités, cette proportiop devrait se tenir vers la moyenne et atteindre 45 à 48 0/0 des ouvriers mineurs; sur *600 ouvriers mineurs* occupés, il devrait donc y avoir *270 ouvriers à la veine.*

Pendant la durée moyenne de sa présence réelle dans les chantiers d'abatage, qui devrait être de 8 heures par descente, un ouvrier mineur, de force ordinaire, déhouillait autrefois, dans une couche de $0^{m}60$ de puissance en charbon, un peu grisouteuse, une surface de veine de 3 mètres carrés 50; c'était la tâche de la journée dans les conditions courantes du travail normal; la production en charbon extrait, *par ouvrier mineur à la veine et par poste*, atteignait régulièrement *2,300 kil.*, ou 27 hectolitres.

Aujourd'hui, *la fosse type*, que nous étudions,

n'exploitant que des couches d'une puissance moyenne de 0m63, son extraction journalière serait de 6,200 quintaux; et en tenant compte des déchets, et des accidents possibles, *600 tonnes*; sa production annuelle pourrait atteindre facilement *150,000 tonnes* dans les meilleures conditions de prix de revient. La production moyenne annuelle de l'ouvrier mineur serait, dans cette fosse, de *250 tonnes.*

La limite des chantiers d'abatage, dans une mine quelconque, dépend absolument de la puissance des veines exploitées, de la solidité des roches encaissantes, de l'entretien plus ou moins coûteux des voies de roulage, de la facilité des communications qui doivent servir aux diverses exploitations.

Il est évident qu'au delà d'une certaine limite, variable pour chaque formation et suivant les dislocations plus ou moins considérables des terrains, les frais de transports des produits et des matériaux divers, les dépenses d'entretien des voies de communication et du matériel roulant, la perte de main-d'œuvre occasionnée par la longueur des parcours et par la fatigue des ouvriers, la diminution du rendement en houille extraite provenant de la présence moins longue de l'ouvrier mineur dans les chantiers d'abatage, et de son effet utile plus faible, sont des éléments qui doivent servir de base à l'étude de la *capacité extractive économique d'un puits de mine*, en permettant de déterminer la limite à laquelle un chantier doit être abandonné pour être repris par une autre exploitation.

Cette limite économique de la surface de terrain houiller exploitable par une seule fosse peut être restreinte par des accidents ou d'autres difficultés inhérentes à l'allure des terrains exploités; elle ne pourrait être impunément négligée, sauf dans des cas exceptionnels et pour parer à des nécessités inéluctables, sans compromettre d'une manière irrémédiable l'avenir économique des exploitations où elle aurait été étendue sans mesure.

Une fosse d'extraction complètement et largement outillée en vue d'une production annuelle de 150,000 à

200,000 tonnes doit comprendre deux puits de 4 m. 25 à 4 m. 50 de diamètre, devant servir, l'un à l'extraction et à la descente des matériaux, l'autre à l'aérage des travaux et à l'épuisement des eaux, si leur abondance nécessite l'emploi d'une machine spéciale ; la descente et la remonte des ouvriers peut être effectuée indifféremment par le puits d'extraction, ou par le puits d'aérage si les travaux d'exploitation ne dégagent pas de grisou; dans les mines grisouteuses, la descente et la remonte des ouvriers doivent s'effectuer par le puits d'extraction.

Cette installation complète coûterait de 1,100,000 fr. à 1,300,000 fr. pour l'exploitation des couches combustibles du Comble du Nord jusqu'à 400 mètres de profondeur ; elle devrait être disposée pour extraire jusqu'à 700 mètres sans avoir besoin de la modifier trop par le remplacement ou les agencements nouveaux des appareils d'extraction, ce qu'il est facile de prévoir sans augmentation de dépenses.

Son amortissement en 25 années, pour une extraction annuelle de 200,000 tonnes, affecterait de 0 fr. 50 en moyenne le prix de revient de la tonne de houille extraite, et de 0 fr. 615 si l'extraction moyenne n'atteignait que 150,000 tonnes.

A la profondeur de 400 mètres, la relevée moyenne exploitable des couches recoupées est de 500 mètres; la richesse totale exploitable par un seul puits ayant une puissance *minimum* de 6 mètres, l'extraction annuelle de 150,000 tonnes déhouillerait 42 mètres de longueur de faisceau; en tenant compte des crans, des brouillages, des amincissements et des massifs à laisser, c'est en réalité 53 m. à 54 m. de longueur de faisceau qu'il faudrait exploiter annuellement pour obtenir 150,000 tonnes.

Le pendage général des couches étant Nord-Sud, l'exploitation, pendant 25 ans, de la masse du faisceau ne devrait éloigner les chantiers d'abatage que de 700 mètres du puits, et de chaque côté la longueur déhouillée de l'ensemble du faisceau, jusqu'à 400 mètres de profondeur, serait alors de 1,400 mètres, et la surface totale de terrain houiller exploitée par la même fosse, 224 hectares.

La solidité des roches encaissantes varie peu, en général, dans tout le *Comble du Nord* du bassin de Valenciennes, de la frontière belge à Somain, de même que l'entretien des galeries; le prix de la main-d'œuvre est un peu moins élevé le long de la frontière belge; mais comme il est en rapport avec la somme de travail fournie par les ouvriers de cette région, les dépenses d'entretien des voies de communication dans les exploitations de cette partie du bassin sont assez uniformes, de même que celles qui se rapportent aux transports des produits, à la perte d'effet utile occasionnée par les longs parcours, et à toutes les autres causes.

La dépense totale qui provient de l'entretien des voies, du transport intérieur des produits et des matériaux divers, de la main-d'œuvre pendant le parcours des galeries, de la diminution de l'effet utile des ouvriers mineurs, amenée par la fatigue subie pendant le parcours des voies du fond, se tient, en moyenne, entre 0 fr. 70 et 0 fr. 80 *par tonne de houille abattue*, transportée des fronts de taille au puits d'extraction, et *par kilomètre parcouru*; et, étant donnée la méthode générale d'exploitation appliquée, et la seule rationnelle, qu'elle se fasse par tailles chassantes ou par tailles montantes, le premier kilomètre à partir du puits coûte en moyenne de 0 fr. 10 à 0 fr. 15 de plus que le second, et celui-ci plus que le troisième.

Elle augmente ainsi très rapidement avec l'éloignement des chantiers d'abatage des puits d'extraction, et, dans quelques cas, elle peut atteindre et même dépasser 1 fr. par tonne de houille extraite et par kilomètre parcouru.

La limite économique des exploitations doit donc être naturellement déterminée par le parallèle entre l'amortissement des dépenses de premier établissement, les frais d'extraction, les frais généraux, le maximum de production d'un puits, donné par sa capacité extractive maximum, et les dépenses générales qui affectent les produits, des chantiers d'abatage au puits d'extraction.

Le nombre d'ouvriers qui peuvent, dans une mine déterminée, donner le maximum de production, étant limité, ses divers chantiers doivent être aménagés et distribués dans toute la partie exploitée de manière à ce que la proportion des ouvriers à la veine varie dans des limites très étroites, et que les ouvriers de chaque catégorie soient toujours occupés aux mêmes travaux; leur habileté professionnelle se développe ainsi sans cesse et atteint son maximum, en même temps que leur effet utile.

Rien n'est plus coûteux que les changements continuels apportés dans la conduite des travaux par une direction versatile; outre le temps perdu par les ouvriers dans leurs déplacements, et la perte d'effet utile qui provient de leur changement de travail, il en résulte toujours un trouble sensible dans toutes les exploitations; un bon exploitant doit les éviter avec soin dans la limite du possible.

S'il est parfois nécessaire d'augmenter la production pour satisfaire à des exigences commerciales momentanées, et d'occuper à l'abatage un certain nombre d'ouvriers d'autres catégories, cette dérogation ne doit pas être prise pour règle; il ne faut pas se leurrer des résultats plus brillants obtenus par ces procédés, qui ne doivent être qu'accidentellement employés; ils sont d'un usage facile pour les exploitants peu scrupuleux qui veulent faire ressortir leur habileté et l'excellence des méthodes qu'ils préconisent; quand ils sont érigés en système, ils ne tardent pas à mettre dans le plus grand embarras les exploitations surmenées et, quelquefois, à amener leur ruine.

La stabilité dans les proportions relatives des diverses catégories d'ouvriers occupés dans les exploitations d'une mine est un gage assuré de la bonne conduite de ses travaux.

L'emploi de 270 ouvriers mineurs à la veine dans les exploitations d'une fosse en extraction normale ne demande que trois ou quatre veines exploitables ; il est donc facile de disposer les chantiers pour que les déblais des travaux au rocher puissent servir aux remblais, et d'avoir toujours à découvert une surface de veine qui puisse permettre le déplacement d'un tiers des ouvriers de la mine, en cas d'accident dans les travaux ou de toute autre cause fortuite.

Par suite naturelle des travaux de déhouillement, les chantiers d'abatage s'éloignent de plus en plus des puits d'extraction; la proportion des ouvriers à la veine diminue sans cesse pendant que le nombre des ouvriers improductifs augmente; le rendement moyen de l'ouvrier mineur baisse continuellement, et il arrive un point où il n'est plus en rapport avec les dépenses qu'il exige.

Dans les exploitations du *Comble du Nord* du bassin de Valenciennes, les travaux d'abatage doivent être arrêtés, en général, entre 1,100 mètres et 1,300 mètres. Cette distance des chantiers d'abatage au puits d'extraction correspond à la distance maximum de 1,000 mètres en ligne droite, et à la distance moyenne de 750 mètres, en tenant compte du massif à laisser autour des puits; *c'est à cette limite, qui varie de 100 à 150 mètres au plus selon la solidité des roches encaissantes, que l'équilibre économique se produit entre tous les éléments du prix de revient, et que l'exploitant soucieux de l'avenir doit arrêter ses travaux* **en surface.**

La surface totale de terrain houiller qui pourrait être exploitée économiquement par une seule fosse aurait, dans son ensemble, la forme presque exacte d'un hexagone régulier dont la superficie serait de *250 hectares*; c'est une surface de terrain houiller plus grande que celle des concessions de plusieurs Compagnies belges et françaises.

Dans ces conditions d'exploitation rationnelle, le *prix de revient moyen brut* de toutes les houilles du *Comble du Nord*, sur le carreau de la mine, serait de 7 fr. 25 au plus, se décomposant en :

Main-d'œuvre du fond (maximum).. Fr.	4 »
Fournitures des magasins...............	1 50
Divers....................................	1 75
Total..........Fr.	7 25

En y ajoutant pour frais généraux et frais imprévus, *1 franc, le prix de revient total maximum de la tonne de charbon tout-venant*, sur le carreau de la mine, serait de 8 fr. 25, *pour une production annuelle de 150,000 tonnes par fosse.*

La surface totale exploitable du Comble du Nord, en négligeant les parties disloquées et brouillées qui avoisinent le *cran de retour* et la *faille de Condé*, est environ de 8,000 hectares; elle pourrait être exploitée facilement et économiquement par 30 fosses qui donneraient annuellement *4.500,000 tonnes* de houilles grasses, demi-grasses et maigres.

Le *Comble du Midi* du bassin de Valenciennes, entre Saint-Saulve et la limite Ouest des concessions de la Compagnie d'Anzin, renferme quatre faisceaux de veines de houilles grasses et flénu, dont les affleurements, au-dessous du tourtia, sont parfaitement déterminés aujourd'hui, grâce aux belles études stratigraphiques dont ils ont été particulièrement l'objet depuis quarante ans.

Ils renferment 38 veines de houille dont la puissance varie de 0 m. 40 à 2 m. 30 en charbon; en ne considérant comme économiquement exploitables que les couches de 0 m. 50 en charbon et au-dessus, ces quatre faisceaux comprennent 25 veines ainsi réparties :

	Nombre des veines	Épaisseur totale	Épaisseur moyenne
Faisceau d'Anzin-Sud et Denain-Sud...........	5	5m00	0m71
Faisceau de Denain intermédiaire..............	5	3m00	0m60
Faisceau du Centre de Denain................	6	3m62	0m60
Faisceau des flénus inférieurs.................	7	6m10	0m87

Ce dernier faisceau n'existe qu'au centre du bassin, entre Denain et Escaudain. En exceptant la *Grande-Veine*, dont la puissance en charbon exploitable est de 2 m. 30, l'épaisseur moyenne de ses six autres veines est de 0 m. 63; sa surface totale, limitée par l'affleurement de ses couches au-dessous du tourtia, est d'environ 27 hectares; il est vierge et peut donner près de 2,000,000 de tonnes de houilles demi-grasses à longue flamme, très recherchées par les industries céramiques, la verrerie, etc.

Son exploitation suffirait à alimenter pendant quinze ans l'extraction d'une fosse placée au centre du bassin; par suite de la régularité de ses belles couches en plateures, elle pourrait se faire dans les meilleures conditions possibles, et son prix de revient serait certainement inférieur de 0 fr. 50 par tonne, environ, à celui des charbons du Comble du Midi. Il en serait de même du faisceau du *Centre de Denain*, qui aurait pu être exploité dans les mêmes conditions depuis de longues années. Les 10,000,000 de tonnes de houille à gaz qu'il renferme auraient dû, depuis quinze ans, contribuer à maintenir l'ancienne réputation qu'ils avaient acquise, s'ils eussent été exploités dans des conditions normales; *il ne se dégage pas de grisou dans les exploitations de ces planteures.*

Les deux faisceaux de *Denain intermédiaire* et d'*Anzin-Sud*, *Denain-Sud*, forment toute la masse principale des combustibles du *Comble du Midi*, de chaque côté et au Midi de la cuvette de Denain; le *faisceau gras d'Abscon* n'en occupe qu'une faible partie, entre les deux branches principales du cran de retour.

Par suite de la disposition en plis retombés les uns sur les autres, des couches de ces deux premiers faisceaux, entre Saint-Saulve et la Sentinelle, disposition qui se continue dans la région du Midi de Denain, les nombreux dressauts et plateures qui affectent toutes leurs couches jusqu'à une grande profondeur ont un pendage général Nord-Sud pour les dressauts et Sud-Nord pour les plateures; dans toute cette partie du *Com-*

ble du Midi, la même couche peut être recoupée plusieurs fois par le même puits; quatre à cinq veines exploitables constituent donc, pour cette partie du bassin, une richesse supérieure à celle des exploitations du *Comble du Nord*.

Les méthodes employées dans les exploitations de ces faisceaux du *Comble du Midi* sont les mêmes que dans celles du *Comble du Nord*; les roches encaissantes sont moins solides, les cassures et les failles plus nombreuses, l'aérage beaucoup plus difficile, surtout à cause de la grande quantité de grisou qui se dégage des roches, et qui nécessite une ventilation énergique des travaux d'exploitation; l'entretien des galeries et des travaux est plus coûteux, les chantiers d'abatage sont moins étendus et plus nombreux, et la surveillance du personnel occupé beaucoup plus difficile.

Dans cette région, tous ces facteurs ne permettent pas à la limite économique des exploitations d'être aussi étendue que dans le Comble du Nord; le nombre maximum des ouvriers qui peuvent y être occupés économiquement ne paraît pas pouvoir dépasser 500; afin d'en obtenir le plus grand effet utile possible, il serait même préférable de le fixer à 450, sur lesquels il devrait y avoir, en moyenne, au moins 200 ouvriers occupés à l'abatage du charbon.

La puissance moyenne des couches exploitables de ces deux faisceaux est de 0 m. 65, sensiblement égale à celle des faisceaux du Comble du Nord; les travaux d'abatage de ces couches nécessitent des boisages très soignés; la dureté moyenne de leurs charbons dans les plateures est un peu plus grande que celle des veines du Comble du Nord; elle est moins grande dans les dressauts.

La surface moyenne de veine qui peut être déhouillée par un ouvrier ordinaire pendant la durée minimum de sa présence journalière dans les chantiers d'abatage variait jadis de 2 m. carrés 80 à 3 m. carrés 25; sa production moyenne, par descente, était de 23 hectolitres ou 2,000 kilogrammes.

La production moyenne d'une fosse en exploitation normale, dans cette partie du Comble du Midi, serait de 400 tonnes par journée de travail, et, par année, de 120,000 de tonnes.

La production moyenne annuelle *minimum* de l'ouvrier mineur serait de 230 à 240 tonnes.

La limite économique où les exploitations devraient être arrêtées devrait se tenir entre 1,000 mètres et 1,100 mètres, à une distance de 850 mètres, en ligne droite, du puits d'extraction.

La surface maximum de terrain houiller économiquement exploitée par une seule fosse aurait seulement *une contenance de 170 hectares.*

Le prix de revient moyen brut maximum de la tonne de houille tout-venant, provenant du *Comble du Midi, en dehors de la cuvette de Denain, sur le carreau de la mine*, serait de 7 fr. 60, se décomposant en :

Main-d'œuvre (chiffre majoré)........Fr.	4.05
Fournitures des magasins (maximum)...	1.70
Divers....................................	1.85
Total...........Fr.	7.60

En y ajoutant, pour frais généraux et frais imprévus, 1 franc, le *prix de revient total maximum* de la *tonne de charbon tout-venant brut*, sur le carreau de la mine, serait de 8 fr. 60, pour une production *minimum* annuelle de 120,000 tonnes par fosse.

Toutes les nombreuses couches exploitables de la *cuvette de Denain* auraient pu être exploitées par une seule fosse placée au centre du bassin, et dans les meilleures conditions économiques.

En négligeant les parties disloquées et brisées du terrain houiller qui longent le *cran de retour*, et dont l'exploitation difficile est souvent entravée par les crains, la surface totale minimum du Comble du Midi économiquement exploitable *aujourd'hui*, déduction faite de la cuvette de Denain, est de 4,000 hectares.

Elle pourrait être exploitée par 25 fosses, dont l'extraction moyenne totale annuelle atteindrait facilement

2,500,000 tonnes de houilles grasses, grasses maréchales, grasses à gaz et demi-grasses à longue flamme.

La production minimum annuelle de la Compagnie d'Anzin pourrait atteindre très facilement 7,000,000 de tonnes si toute la surface exploitable de ses concessions était mise à fruit, et toujours dans d'excellentes conditions économiques, qui varieraient peu en profondeur.

Elle occuperait 28,000 ouvriers mineurs dans ses travaux d'exploitation, et le prix de revient moyen total de ses charbons tout-venant sur le carreau de ses fosses, en y ajoutant des frais généraux majorés, pourrait se maintenir longtemps encore entre 8 fr. 40 et 8 fr. 50.

Sa production moyenne annuelle, par ouvrier mineur, atteindrait au moins 245 tonnes

Avec les moyens pratiques dont l'art des mines dispose aujourd'hui, la Compagnie d'Anzin peut extraire annuellement sept millions de tonnes de houilles de toutes qualités, pendant quatre cents ans au moins, dans les meilleures conditions de prix de revient.

Aussi, malgré la situation grave où elle se trouve aujourd'hui, elle peut regarder l'avenir avec confiance; mais, pour que sa situation devienne à nouveau prospère, il faut qu'elle rompe absolument et énergiquement avec le passé et ses traditions funestes, qu'elle se décide à mettre la lumière partout, et qu'elle abandonne les procédés qui lui ont fait dépenser des sommes énormes sans profit, et perdre la position brillante qu'elle aurait toujours dû occuper à la tête de l'industrie houillère.

Les premiers travaux de recherches qui ont été faits entre la frontière belge et Douai, dans le prolongement du bassin houiller du Couchant de Mons, étaient forcément incertains; les puits étaient placés un peu au hasard, et il arrivait parfois que, pour en fixer l'emplacement, l'emploi des baguettes divinatoires était reconnu indispensable par les exploitants de cette époque.

Pour éviter la rencontre des terrains très aquitères et ébouleux qui leur opposaient alors des obstacles insurmontables, les mineurs plaçaient de préférence leurs puits dans les régions où les terrains de la surface étaient le plus solides et les eaux des niveaux le moins abondantes.

C'est ainsi que les travaux d'exploitation de la Compagnie d'Anzin se sont trouvés localisés à Vieux-Condé sur la rive droite de l'Escaut, et, sur la rive gauche, dans les quatre groupes de *Fresnes, d'Anzin et Saint-Vaast-là-Haut, de Denain et d'Abscon.*

Le torrent d'Anzin a séparé, pendant nombre d'années, les travaux des groupes d'Anzin et de Saint-Vaast-là-Haut des établissements de Denain et d'Abscon; le torrent de Vicq a longtemps opposé un obstacle presque infranchissable à l'exploitation de la concession de Saint-Saulve.

Les premiers mineurs n'avaient qu'une idée très vague du gisement qu'ils exploitaient; leur grande pratique seule, jointe au développement bien lent de leurs travaux d'exploitation, leur avait permis de relier peu à peu les uns aux autres les ensembles des travaux des differentes fosses d'un même groupe, sans trop de confusion.

Les puits, d'abord très rapprochés, s'étaient éloignés peu à peu, en raison directe des améliorations apportées dans les transports souterrains et dans la ventilation des travaux; mais leur position relative n'avait jamais été fixée d'après des règles bien déterminées, et souvent les convenances locales seules en décidaient l'emplacement.

Jusqu'en 1840, la faible puissance des appareils d'extraction limitait la production des fosses, et les chantiers d'abatage, lentement déhouillés, maintenaient pendant de longues années les exploitations à de faibles distances des puits d'extraction; de là une production élevée par ouvrier à la veine et un prix de revient normal et avantageux.

La grande puissance des appareils d'extraction qui

furent installés après 1848 dans les fosses principales de la Compagnie d'Anzin lui permit une extension rapide de ses travaux et de sa production, nécessitée par l'accroissement considérable de la consommation des combustibles minéraux dans la *Région du Nord;* certains puits trop rapprochés des fosses principales furent fermés, et, bien que les chantiers d'abatage s'éloignassent de plus en plus des puits d'extraction, leurs produits étaient encore obtenus dans de bonnes conditions normales.

Peu à peu, les fosses faiblement outillées furent abandonnées et leurs travaux délaissés ou repris par les fosses mieux aménagées les plus rapprochées et les plus productives; les chantiers d'abatage de celles-ci s'éloignèrent alors rapidement des puits d'extraction, et la distance des fronts de taille aux puits a augmenté sans mesure et sans raison depuis cette époque, mais surtout depuis 1872.

Depuis 1875, les retards apportés chaque année à l'exécution des travaux préparatoires, qui étaient régulièrement poursuivis auparavant, ont fini par leur faire perdre l'avance qu'ils auraient dû conserver sur les travaux d'abatage; les travaux absolument indispensables que l'on exécute aujourd'hui ne peuvent que permettre à la production annuelle de se maintenir à son chiffre grâce à l'appoint des exploitations des parties vierges du faisceau de *Thiers-Bleuze-Borne*, qui sont déhouillées par la fosse *Lambrecht* et vont bientôt l'être par celle *d'Escaudain.*

Dans le comble du Nord, les faisceaux de Vieux-Condé, de Thiers et Beuze-Borne et du Midi de Thiers sont exploités, le premier par les fosses de Chabaud-Latour, de Saint-Léonard, de Vieux-Condé et de Bonne-Part; le second par les fosses Thiers, Bleuze-Borne, Saint-Louis, Dutemple, Haveluy, Lambrecht, Saint-Marck et Casimir-Périer, et le troisième par la fosse Thiers seulement.

Les chantiers d'abatage de toutes ces fosses, excepté ceux des fosses Chabaud-Latour, Saint-Léonard et Lambrecht, sont éloignés des puits d'extraction de distances qui varient de 1,800 mètres à plus de 3,000 mètres.

La fosse de Vieux-Condé a été mise en approfondissement au commencement de 1882; ses chantiers d'abatage s'étendaient à 2,700 mètres; l'extraction y est encore suspendue, et ses ouvriers ont dû être répartis entre les deux fosses de Saint-Léonard et de Chabaud-Latour qu'ils encombrent. Depuis cette époque, le rendement moyen de l'ouvrier mineur a diminué dans ces deux sièges d'extraction.

La fosse de *Bonne-Part*, à Fresnes, à la suite des grosses fautes d'exploitation qui y ont été commises depuis cinq ans, est sur le point d'être abandonnée, bien que de grandes dépenses aient été faites dans ces dernières années dans ses travaux du fond et pour améliorer ses installations de la surface; tous les travaux de la concession de Fresnes seront bientôt noyés, et ceux de la concession voisine de *Fresnes-Midi*, qui appartient à la Compagnie de *Thivencelles-Fresnes-Midi* pourraient bien en subir les conséquences par suite des infiltrations des eaux à travers le stoc qui les sépare; cependant, des ressources considérables en charbon maigre et de toute première qualité, et très recherché autrefois, pourraient y être très avantageusement exploitées à très bas prix en exhaurant directement les eaux avec la machine d'épuisement, si le puits de celle-ci était à la profondeur du puits d'extraction, qui a été approfondi en 1880-81; on aurait dû naturellement commencer l'approfondissement de la fosse par celui du puits d'épuisement.

La fosse *Thiers*, placée sur l'affleurement nord des dernières couches du faisceau de *Thiers-Bleuze-Borne*, étend ses travaux d'exploitation à plus de 3,000 mètres *(trois kilomètres)* du puits, *au-dessous du grès-vert du torrent de Vicq;* ses bowettes n'ont pu recouper les veines du midi du faisceau qu'à une distance considérable; le grès-vert, qui descend à près de 200 mètres de profondeur, limite les chantiers d'abatage entre les niveaux de 200 m. et de 300 mètres; depuis longtemps, le puits d'extraction aurait dû être approfondi de 300 m. à 400 mètres comme le puits d'exhaure, pour permettre une exploitation plus économique des veines du Nord et du Centre, en évitant leur extraction si coûteuse en vallée au-dessous du niveau de 300 mètres.

Une nouvelle fosse eût été nécessaire pour exploiter le faisceau du *Midi de Thiers*. Placée à 2,000 mètres au Sud des puits de Thiers et auprès du chemin de fer du Nord, elle eût pu depuis longtemps reconnaître entièrement tout ce faisceau et l'exploiter jusqu'à la limite de la concession de Saint-Saulve, dans les meilleures conditions économiques.

Les deux fosses de *Bleuze-Borne* et de *Saint-Louis* à Anzin, sont éloignées l'une de l'autre de 680 mètres; la première a été foncée, au siècle dernier, au milieu de l'affleurement du faisceau demi-gras qu'elle exploite encore aujourd'hui à l'Est à la distance de 2,200 mètres; son puits est en très mauvais état et le cuvelage laisse passer beaucoup d'eau; il a fallu abandonner l'exploitation inférieure de 410 mètres qui est inondée. Cette fosse devrait être abandonnée et sermentée depuis nombre d'années, ou remise en bon état à un grand diamètre.

La fosse Saint-Louis, foncée près de la lisière méridionale du même faisceau, et à 250 mètres *au Nord du cran de retour*, exploitait autrefois, en même temps que les charbons demi-gras de *Thiers-Bleuze-Borne*, les veines inférieures du faisceau gras du *Midi d'Anzin*, au Sud du *cran de retour*; aujourd'hui ses exploitations s'étendent au Nord et à l'Ouest, et ses chantiers d'abatage sont à 2,000 mètres du puits.

La fosse Bleuze-Borne est approfondie jusqu'à 420 mètres et la fosse Saint-Louis jusqu'à 500 mètres depuis nombre d'années; mais leurs exploitations ne peuvent s'installer aux niveaux inférieurs, parce que la profondeur du puits d'épuisement du *Moulin* par lequel se fait l'exhaure de leurs eaux n'est que de 400 mètres; il eût fallu depuis longtemps le pousser à la même profondeur que les puits d'extraction qu'il dessert.

Les produits des fosses *Bleuze-Borne et Saint-Louis*,

ceux de cette dernière surtout, qui faisaient prime jadis, ont fait pendant longtemps la juste réputation des charbons d'Anzin.

Les travaux de la fosse *Bleuze-Borne* communiquent, par une galerie en reconnaissance, avec ceux de la fosse Thiers ouverts dans le même faisceau ; ces deux fosses sont à 4,000 mètres l'une de l'autre, en ligne droite, et à près de *cinq kilomètres* par les galeries qui les réunissent.

Une fosse intermédiaire placée entre celles de *Thiers* et de *Bleuze-Borne* est absolument nécessaire depuis longues années pour permettre l'exploitation rationnelle et économique des charbons demi-gras de cette région ; elle devrait être foncée auprès du canal de l'Escaut, entre Bruai et Saint-Saulve.

Les travaux d'exploitation de la fosse *Dutemple* sont éloignés de 1,900 mètres au Nord du puits ; quoique ouverte dans le comble du Midi, à 550 mètres du *cran de retour*, les terrains brisés et brouillés qu'elle a rencontrés dans cette partie du bassin, sa faible distance de la fosse *La Réussite*, dont elle n'est éloignée que de 650 mètres, ont fait abandonner l'exploitation de ses charbons gras ; elle exploite au Nord du *cran de retour* le faisceau demi-gras de Thiers-Bleuze-Borne.

L'ancien puits d'exhaure de cette fosse, qui sert aujourd'hui à l'aérage des travaux, est approfondi en grande section jusqu'à 700 mètres ; il est destiné à exploiter les belles plateures du faisceau gras d'*Anzin-Sud*, *Denain-Sud*, et à remplacer la fosse *La Réussite*.

Les exploitations de la fosse d'*Haveluy* s'étendent, à 300 mètres de profondeur, jusqu'à 1,700 mètres du puits d'extraction ; trois veines seulement y sont l'objet de travaux d'abatage importants ; la pénurie des ressources de cette fosse exige depuis plus de cinq ans son approfondissement à 500 mètres ; il est à peine commencé.

La fosse de *Lambrecht* à Hélesmes a été mise en extraction aussitôt arrivée à la profondeur de 200 mètres, au mois de décembre 1881, sans que ses travaux préparatoires fussent exécutés ; cette exploitation hâtive, coûteuse autant que malheureuse, a compromis pour un certain temps la mise à fruit rationnelle de ses richesses vierges ; son prix de revient trop élevé de plus de 1 fr. par tonne extraite ne pourra guère être abaissé qu'en 1883, lorsque des mesures seront prises pour éviter l'encombrement de ses chantiers, et que leur aménagement économique aura remplacé leur état actuel.

La fosse de *Saint-Marck*, à Abscon, a été foncée dans la partie du *Comble du Midi* comprise entre les deux branches principales du *cran de retour*, à environ 200 mètres de la branche Nord ; l'exploitation des charbons gras y a été abandonnée, et ses chantiers d'abatage déhouillent aujourd'hui les veines du faisceau de *Thiers-Bleuze-Borne*, au Nord du cran de retour, à 1,600 mètres du puits d'extraction.

La fosse *Casimir-Périer*, foncée sur le faisceau des charbons demi-gras du faisceau de *Thiers-Bleuze-Borne*, exploite jusqu'à la limite Ouest de la concession d'Anzin les belles veines productives de ce faisceau, qui est également exploité par la *Compagnie d'Aniche* ; ses chantiers d'abatage se trouvent aujourd'hui à 1,700 mètres du puits d'extraction.

7,250 ouvriers mineurs sont occupés dans les travaux d'exploitation du comble du Nord ; 1,800 environ sont répartis entre les fosses de *Chabaud-Latour*, de *Saint-Léonard*, de *Vieux-Condé* et de *Bonne-Part*, et 5,450 dans les travaux des fosses de *Thiers*, de *Bleuze-Borne*, de *Saint-Louis*, de *Dutemple*, d'*Haveluy*, de *Lambrecht*, de *Saint-Marck* et de *Casimir-Périer*.

La fosse *Bonne-Part* est sur le point d'être abandonnée ; les deux fosses *Saint-Léonard* et *Chabaud-Latour* occupent ensemble environ 1,550 ouvriers mineurs ; étant donnée l'étendue de leurs travaux, c'est au moins 400 ouvriers en trop, qui devraient exploiter avantageusement les couches de la fosse *Vieux-Condé*, si son approfondissement et ses travaux d'aménagement eussent été faits six ans plus tôt.

La surface moyenne de veine déhouillée dans ces deux fosses, par ouvrier mineur à la veine et par descente, était de 2,70 mètres carrés en 1881; elle s'est abaissée à 2,60 mètres carrés en 1882.

Leurs travaux d'exploitation, leur matériel roulant et leur matériel d'extraction sont dans un état déplorable, et, dans certaines voies du fond, les rails en fer y sont parfois remplacés par du bois; si ces travaux étaient bien aménagés, et leurs richesses exploitées dans des conditions normales, la surface moyenne de veine abattue devrait atteindre très facilement 3,25 mètres carrés par journée d'ouvrier à la veine, c'est-à-dire 30 0/0 de plus qu'aujourd'hui, avec 200 ouvriers en moins dans chaque fosse.

Le nombre total de leurs ouvriers à la veine était de 460 en 1881; il est de 560 aujourd'hui, sur 1,550 ouvriers mineurs, c'est-à-dire 36 0/0 seulement de leur nombre total; dans ces exploitations nouvelles, il devrait être de 48 0/0 au moins.

Les fosses de *Thiers*, de *Bleuze-Borne*, de *Saint-Louis*, de *Dutemple*, d'*Haveluy*, de *Saint-Marck* et de *Casimir-Périer* occupent ensemble 5,100 ouvriers mineurs dans leurs travaux d'exploitation; c'est une moyenne de 730 ouvriers par fosse.

Le maximum est de 900 ouvriers à la fosse *Casimir-Périer*, et le minimum de 480 à la fosse *Dutemple*; les fosses de *Saint-Louis* et d'*Haveluy* sont les seules où le nombre des ouvriers mineurs ne soit pas trop élevé.

Le nombre total des ouvriers à la veine de ces 7 fosses est, en novembre 1882, de 1,575; en 1881, il atteignait 1,652; il est, en moyenne, de 30 0/0 du nombre total des ouvriers du fond, et devrait atteindre 45 0/0 au moins, si leurs exploitations étaient bien aménagées et dans des conditions normales.

La surface moyenne déhouillée par journée d'ouvrier mineur à la veine était de 2,15 mètres carrés en 1881; elle est de 2,25 mètres carrés en 1882; elle devrait atteindre au moins 3,25 mètres carrés.

La production moyenne journalière, *par ouvrier à la veine*, est passée de 1,920 k. en 1881, à 1,830 k. en 1882 la production totale a diminué malgré l'appoint de l'extraction de la fosse *Lambrecht.*

La dépense moyenne *de main-d'œuvre par tonne extraite*, dans le comble du Nord, était en 1881 de 4 fr. 42 pour les charbons maigres de *Fresnes-Vieux-Condé*, et de 5 fr. 85 pour les charbons *demi-gras*; en 1882 (premier semestre), elle est de 4 fr. 28 pour les charbons maigres, et s'est maintenue à 5 fr. 85 pour les charbons demi-gras.

Cependant, le prix de revient total brut moyen des charbons *maigres tout-venant* sur le carreau de la fosse était de 6 fr. 80 en 1881; en 1882(premier semestre), il est monté 7 fr. 70 ; celui des *charbons demi-gras*, qui était en moyenne de 8 fr. 75 en 1881, s'est élevé à 9 fr. 45 en 1882 (premier semestre). En tenant compte du déchet annuel de 8 0/0, les prix de revient bruts réels seraient, pour les *charbons maigres*, en 1881, 7 fr. 35 et 8 fr. 32 pour le premier semestre de 1882; et, pour les *charbons demi-gras*, de 9 fr. 45 en 1881, et de 10 fr. 20 pour le premier semestre de 1882.

Les 7,250 ouvriers mineurs occupés dans les travaux d'exploitation du *comble du Nord* devraient être répartis entre 14 fosses au moins ; le nombre total des ouvriers à la veine devait être de 3,300, et leur production totale minimum de 1,850,000 tonnes ; en 1881, elle a été de 957,000 tonnes, et, avec le déchet de 8 0/0, de 880,000 tonnes ; celle de 1882 lui sera probablement inférieure.

Le comble du Midi n'est plus exploité aujourd'hui que par les fosses de *La Réussite*, de *Davy*, d'*Hérin*, de *Turenne*, de *Renard* et de *Rœulx*.

La fosse de *La Réussite* exploite jusqu'à 516 mètres de profondeur le faisceau gras d'*Anzin-Sud, Denain-Sud;* elle occupe 800 ouvriers mineurs dans ses travaux d'exploitation, dont 245 ouvriers à la veine, soit 30 0/0 du nombre total; ses chantiers d'abatage s'étendent à l'*Ouest* jusqu'à près de 1,400 mètres du puits d'extraction, *sous la fosse de Davy* et au delà; celle-ci occupe 380 ouvriers mineurs dans ses travaux, dont 160 ouvriers à la veine; elle est située à 1,050 mètres à l'Ouest de la fosse de *La Réussite*, et exploite le même faisceau jusqu'à 280 mètres de profondeur seulement; ses chantiers d'abatage s'étendent à l'*Est* jusqu'à 950 mètres du puits, *à moins de 500 mètres de la fosse La Réussite;* ce chassé-croisé remarquable est un des effets les plus curieux du système d'exploitation suivi depuis dix ans par la Compagnie d'Anzin.

La fosse d'*Hérin* exploite jusqu'à 330 mètres de profondeur le faisceau d'*Anzin-Sud, Denain-Sud;* ses chantiers d'abatage s'étendent à 1,750 mètres du puits d'extraction; il se dégage une grande quantité de grisou dans ses travaux d'exploitation où 700 ouvriers mineurs, dont 220 ouvriers à la veine, sont occupés.

La fosse de *Rœulx* exploite le même faisceau jusqu'à la profondeur de 353 mètres; ses travaux d'abatage s'étendent à 1,700 mètres du puits d'extraction. Les nombreuses failles qui, dans cette partie du bassin, ont brisé dans tous les sens la masse de la formation, rendent très irrégulière l'exploitation des richesses combustibles de cette région, 680 ouvriers mineurs, dont 235 ouvriers à la veine, sont actuellement occupés dans ses exploitations.

Dans les travaux d'exploitation de la fosse *La Réussite*, la surface moyenne déhouillée par ouvrier mineur à la veine et par descente était de 1.84 mètre carré en 1881; elle est seulement de 1.51 mètre carré pour le premier semestre de 1882; dans les travaux de la fosse *Davy*, elle s'est abaissée de 1.75 mètre carré à 1.15 mètre carré; pour la fosse d'*Hérin*, elle est de 1.84 mètre carré en 1881 aussi bien qu'en 1882; dans les travaux de la fosse de *Rœulx*, elle s'est élevée de 1.55 mètre carré à 1.76 mètre carré.

La production moyenne en charbon extrait, par descente et par ouvrier mineur *à la veine*, a suivi les mêmes fluctuations; elle était, pour la fosse *La Réussite*, de 2,140 kilogrammes en 1881; elle est tombée à 1,810 k. en 1882 (*premier semestre*); pour la fosse *Davy*, elle s'es abaissée de 1,650 k. en 1881 à 1,170 k. en 1882; à la fosse d'*Hérin*, elle est passée de 1,660 k. en 1881 à 1,680 k. en

1882; à la fosse de *Rœulx*, elle s'est élevée de 1,190 k. en 1881 à 1,300 k. en 1882 (*premier semestre*).

La production moyenne, en charbon extrait, *par descente et par ouvrier du fond*, a été de 650 k. en 1881 pour la fosse *La Réussite;* elles est tombée à 570 k. en 1882 (*premier semestre*); de 580 k. pour la fosse *Davy*, elle s'est abaissée à 490 k. en 1882; pour la fosse d'*Hérin*, de 550 k. elle est tombée à 515 k.; pour la fosse de *Rœulx*, de 385 k. en 1881, elle s'est élevée à 456 k. en 1882 (*premier semestre*).

Le nombre total moyen des ouvriers employés aux travaux d'abatage a été, pour ces quatre fosses, de 835 k. en 1881; il s'est élevé à 860 k. en 1882 (*premier semestre*); leur production moyenne journalière, en 1881, a été de 1,690 k.; pendant le premier semestre de 1882, elle s'est abaissée à 1,510 k.; le déchet moyen annuel de 8 0/0 abaisse cette production journalière à 1,555 k. pour 1881 et à 1,390 k. pour 1882.

Les travaux d'exploitation de ces quatre fosses occupaient, en 1881, 2,620 ouvriers de toutes catégories; leur production moyenne annuelle, en charbon extrait, s'est élevée à 163 tonnes, et, avec le déchet annuel de 8 0/0, à 150 tonnes.

En 1882, *premier semestre*, leur nombre total est descendu à 2,515 et leur production moyenne à 77 1/2 tonnes; elle n'atteindra guère que 165 tonnes pour l'année entière et 152 tonnes en tenant compte du déchet annuel de 8 0/0.

La dépense moyenne de main-d'œuvre, par tonne de houille extraite, a été, pour ces quatre fosses, de 6 fr. 05 en 1881; elle est de 7 fr. pour le premier semestre de 1882.

Le prix de revient moyen brut de la tonne de houille tout venant sur le carreau des fosses était de 8 fr. 75 en 1881, il s'est élevé à 11 fr. 05 pour le premier semestre de 1882; en tenant compte du déchet annuel minimum de 8 0/0, les prix de revient bruts réels seraient de 9 fr. 45 pour 1881 et de 11 fr. 95 pour le premier semestre de 1882.

La production totale de ces quatre fosses a été, en 1881, de 427,000 tonnes, et de 390,000 tonnes en tenant compte du déchet.

Si les 2,515 ouvriers qui sont occupés dans leurs travaux d'exploitation étaient répartis d'une manière rationnelle dans six fosses bien aménagées, leur production totale annuelle pourrait facilement atteindre 620,000 tonnes, en charbons de toute première qualité, pour forges et pour cokes; le prix moyen brut de la tonne de charbon tout-venant, sur lecarreau de la fosse, serait de 7 fr. 75 au plus.

La situation des exploitations de ces quatre établissements est déplorable ; il n'est pas une seule Compagnie houillère, dans les bassins du Nord-Ouest de l'Europe, qui pourrait y résister; mais celle des travaux des exploitations de l'établissement de Denain, où le système suivi depuis dix ans par la Compagnie d'Anzin a pris naissance, et où il a produit ses plus merveilleux effets, est navrante.

Les six fosses qui, en 1866, exploitaient les faisceaux du *Midi et du Centre de Denain* ont été réduites à cinq après la catastrophe de la fosse de *Turenne*, puis à trois après l'arrêt de l'extraction par les fosses de *Joseph Périer* et de *Lebret*; celles-ci étaient faiblement outillées, mais bien placées, à bonne distance des autres puits d'extraction; elles auraient dû être maintenues en activité après une transformation complète de leurs installations et de leur matériel d'extraction et d'exploitation.

La fosse de *Villars*, placée au milieu des travaux de Denain, sur le rivage de la gare d'eau de la Compagnie d'Anzin, est située à 720 mètres de la fosse de *L'Enclos*, à 950 mètres de la fosse de *Renard*, à 870 mètres de la fosse de *Turenne*, presque au centre du triangle qu'elles forment; elle comprend un puits d'extraction et un puits d'exhaure. Trop rapprochée des trois fosses qui l'entourent, elle était forcée d'étendre ses exploitations au Sud-Ouest, au-dessous et au Midi de la fosse de *Lebret*, et en face des travaux de la fosse de *Renard*; sa situation était depuis longtemps très précaire; cependant l'extraction du charbon n'y fut arrêtée qu'en 1875.

A cette époque, le puits d'extraction, dont la tête du cuvelage était en mauvais état, eût dû être complètement réparé, ce qui était chose très facile à exécuter pendant le chômage annuel du canal de l'Escaut, et transformé en puits d'aérage destiné à desservir les exploitations de la fosse de *L'Enclos* et de la partie Sud-Est des exploitations de la fosse de *Renard*; la machine d'extraction, maintenue en bon état, aurait pu continuer à venir en aide à la machine du puits d'exhaure, et, au besoin, à la suppléer en partie, en cas d'accident ou de réparations urgentes. Le puits d'épuisement, qui venait d'être réparé et muni d'un second cuvelage neuf, aurait dû être approfondi afin de pouvoir exhaurer toutes les eaux des travaux d'exploitation des fosses de *L'Enclos* et de *Renard.*

Cette transformation de la fosse de *Villars*, si bien indiquée par sa situation, était d'autant plus nécessaire que le puits d'aérage de la fosse de *Jean-Bart*, située à 400 mètres à l'Est de *Villars* et à 700 mètres au Nord de la fosse de *L'Enclos* dont il desservait les exploitations, était en très mauvais état; que le second cuvelage en chêne qui y avait été posé en 1860, et qui n'avait *que* **huit centimètres** *d'épaisseur jusqu'à sa base*, à 60 m. de profondeur, était beaucoup trop faible et laissait passer beaucoup d'eau; que l'aérage des travaux d'exploitation de la fosse de *L'Enclos*, qui dégagent à la fois du grisou et de l'acide carbonique en assez grande abondance, en souffrait très souvent à cause de la faible puissance de son ventilateur Guibal, et que les ouvriers mineurs étaient parfois obligés d'abandonner les chantiers d'abatage des exploitations très éloignées.

La raison principale qui militait en faveur de la transformation rapide de la fosse de Villars en puits d'aérage, c'est que les travaux d'exploitation de la fosse de *Renard*, qui n'avaient pas rencontré de grisou dans les belles plateures de la cuvette de Denain, commençaient à en dégager dans la région du Sud; une ventilation énergique devenait nécessaire, et il était indispensable de réduire largement la longueur des voies d'aérage, qui atteignait près de 10 kilomètres, pour rejoindre la base des puits d'aérage d'Orléans à 600 mètres au Sud-Est de Renard, et de Casimir à 550 mètres au Nord-Est; ces deux puits étaient et sont encore aujourd'hui en très mauvais état; le puits d'Orléans a 250 mètres de profondeur, et les travaux d'exploitation de la fosse de Renard, qu'il dessert, s'étendent à l'étage de 480 mètres.

Les anciennes galeries des travaux d'exploitation de la fosse de Villars étaient et sont encore à grande section et bien entretenues, tandis que les voies qui aboutissent au puits d'aérage d'Orléans sont de faibles sections et d'un entretien très coûteux ; toutes les meilleures raisons majeures exigeaient l'installation d'un puissant ventilateur Guibal d'abord sur la fosse d'extraction de *Villars;* mais, sous l'influence de fallacieuses raisons, le puits d'aérage d'*Orléans* fut conservé; seulement l'installation d'un ventilateur Lemielle y fut décidée et mise à exécution sans que la fosse fût réparée et approfondie à 500 mètres ; c'était une grosse faute de plus, car, depuis la mise en marche de cet appareil, son insuffisance est déjà reconnue, et si les dégagements de grisou augmentaient dans les travaux d'exploitation du Midi de Renard, la situation des chantiers d'abatage de cette région serait des plus dangereuses.

A la suite de l'abandon des exploitations de la fosse de Villars, les anciens travaux de la fosse de Turenne, en chômage depuis dix ans, furent repris dans des conditions déplorables. Depuis la terrible catastrophe du 5 février 1865, des chantiers d'abatage avaient été abandonnés; l'installation d'un ventilateur *Lemielle* sur la fosse *Bayard*, terminée deux ans plus tard, ont permis d'aérer dans de bonnes conditions tous les travaux d'exploitation de la fosse de Turenne; peu à peu ils avaient été rétablis et remis en bon état, mais leur mauvais aménagement ne pouvait pas permettre une exploitation rationnelle économique.

Le puits d'extraction, d'un faible diamètre (3 m. 25) et

en très mauvais état d'entretien, était hors d'aplomb dans tous les sens par suite des mouvements de terrain produits par une exploitation inintelligente et des travaux trop rapprochés du puits; sa section utilisable ne pouvait que permettre l'emploi d'un matériel roulant de faible capacité (4 hectolitres); les frais de transport des produits, d'entretien, d'extraction, se trouvaient, par cette adaptation, de 10 à 12 0/0 plus élevés que dans les fosses où le matériel roulant était normal (5 hectolitres); de plus, il était impossible de disposer dans le puits un compartiment à échelles *(Goyot)* pour la circulation des ouvriers en cas d'accident de machine ou de matériel.

Les anciens travaux d'exploitation étaient limités à l'Ouest et au Sud par ceux des fosses de *Renard*, de *Villars*, de *Joseph Périer*, et ne pouvaient être économiquement développés qu'au Nord-Est au-dessous et au delà de la fosse *Ernestine*, placée à 500 mètres à l'Ouest de la fosse de *Turenne*, sur le chemin de fer d'Anzin à Denain; les chantiers d'abatage très grisouteux se trouvaient déjà éloignés de 700 mètres en ligne droite du puits d'aérage de *Bayard*, et cette distance devait augmenter de plus en plus; toutes ces mauvaises conditions d'exploitation étaient coûteuses et dangereuses, à cause de l'abondance du grisou qui se dégage dans les travaux de cette région.

Les appareils d'extraction étaient insuffisants, et la machine d'extraction, brisée à plusieurs reprises, ne pouvait, avec des organes usés, que fournir un service très précaire et dangereux.

Une étude un peu sérieuse de cette situation anormale aurait fait immédiatement abandonner l'idée de reprendre l'extraction des produits par la fosse *Turenne*, dont l'installation eût été conservée pour extraire les eaux des travaux; son puits aurait servi à l'aérage des exploitations au moyen d'un puissant ventilateur Guibal; cette résolution était encore commandée par le mauvais état du ventilateur Lemielle de la fosse d'aérage de Bayard, qui ne pouvait fournir une ventilation régulière et assurer la sécurité du travail dans les chantiers d'abatage.

La fosse *Ernestine*, autour de laquelle les travaux d'exploitation de la fosse de Turenne commençaient à se développer, semblait toute désignée pour l'extraction des produits des exploitations de cette région ; son puits est en très bon état; quoique foncé au même diamètre que celui de la fosse de Turenne, il eût permis une extraction intensive avec un matériel roulant de capacité normale (5 hectolitres), tout en ménageant un compartiment à échelles pour la descente et la remonte des ouvriers en cas d'accident.

La transformation de cette fosse eût été très facile et n'eût pas coûté plus de 250,000 fr. avec l'approfondissement du puits.

Au lieu de prendre cette décision rationnelle et économique, la Compagnie d'Anzin conserva la fosse de *Turenne* dans l'état où elle était pour l'extraction des produits de ses exploitations, et transforma celle d'*Ernestine* en fosse d'aérage par une coûteuse installalion; cette grosse faute devait, en quelques années, amener la situation économique impossible dans laquelle se trouvent aujourd'hui les exploitations de cette région, l'abandon prochain de la fosse de Turenne et des travaux d'installation du ventilateur de la fosse Ernestine, qui sont à peine terminés.

Les chantiers d'abatage de la fosse de Turenne s'étendent actuellement jusqu'à 1,800 mètres du puits au Nord-Est des anciens puits d'exhaure de Chabaud-Latour.

La solution économique rationnelle qui s'impose pour remédier aussi rapidement que possible à ce malheureux état de choses serait la reprise de la fosse de *Chabaud-Latour*, transformée en puits d'extraction, après l'élargissement de l'un des puits du diamètre de 4 mètres 50 et la réinstallation sur l'autre puits d'une machine d'exhaure et d'une machine de service ; l'approfondissement de ces deux fosses devrait être effectuée d'abord jusqu'à 350 mètres, puis continué *sous stoc* jusqu'à 500 mètres.

La belle situation de cet établissement, sur le chemin de fer d'Anzin à Denain, à côté du groupe le plus important de population ouvrière qui soit concentré dans les cités de la Compagnie d'Anzin, en ferait certainement l'un des mieux aménagés et des plus productifs.

Une deuxième fosse pourrait être parfaitement placée au Nord de Wavrechain, à 1,600 mètres au Sud-Est de la fosse d'*Haveluy*, sur le chemin de fer d'Anzin à Denain; située à l'intersection des chemins de Denain à Oisy et de Wavrechain à Bellaing, à 1,800 mètres des anciens puits de *Chabaud-Latour*, et à 2,000 mètres de la fosse d'*Hérin*, elle relierait les travaux d'exploitation d'Anzin, Saint-Vaast-là-Haut et de Denain; elle serait dans de très bonnes conditions économiques pour les transports de ses produits.

La fosse de l'*Enclos*, placée sur le bord du canal de l'Escaut, a exploité jusqu'au 1er juillet 1882 le faisceau des houilles grasses maréchales d'*Anzin-Sud Denain-Sud* jusqu'à l'étage de 370 mètres; à cette profondeur, elle ne pouvait exploiter que les veines peu nombreuses et peu puissantes de la partie supérieure du faisceau; ses chantiers d'abatage s'étendaient à *2,500 mètres* du puits d'extraction; depuis longtemps elle devrait déhouiller les plateures de ses belles couches qu'elle eût rencontrées à 530 mètres de profondeur, ainsi que leurs dressants du Midi, et les exploiter dans les meilleures conditions économiques, avec un prix de revient très rémunérateur.

L'excellent charbon pour forges et pour verreries que produisait cette fosse aurait permis à la Compagnie d'Anzin de conserver une clientèle qui lui échappe aujourd'hui.

Son approfondissement se fait directement, et ne sera guère terminé que dans deux ans, avec les aménagements intérieurs de ses travaux d'exploitation; si les travaux de cette fosse eussent été bien étudiés et bien dirigés, ce travail de toute première nécessité eût été préparé et exécuté *sous stoc, depuis sept ans au moins*; il eût été très économique, en évitant les dépenses inutiles d'entretien des travaux supérieurs très étendus, qui coûteront presque autant que l'approfondissement du puits, et avec lesquelles les frais de transformation du matériel d'extraction actuel, qui est insuffisant, auraient pu être couverts.

L'abandon des travaux d'exploitation de la fosse de l'*Enclos* a été amené non seulement par l'élévation du prix de revient de ses produits, qui était cependant moins élevé que celui de la fosse de Turenne, mais aussi par l'insuffisance de leur aérage, qui, depuis le serrement hâtif de la fosse de *Jean-Bart,* s'effectuait par la fosse d'*Orléans*, déjà insuffisante pour desservir les travaux d'exploitation du *Midi de Renard.*

Le second cuvelage en chêne du puits d'aérage de la fosse de Jean-Bart, établi dans des conditions ridicules de solidité, était depuis plusieurs années dans un très mauvais état ; ses segments inférieurs, beaucoup trop faibles, n'avaient pu résister à la pression des eaux des niveaux supérieurs (5 k. 1/2 par centimètre carré de surface segmentaire); la base du picotage ne tenait plus; les roches *(dièves)* dans lesquelles elle avait été établie, délayées par les eaux des niveaux qui s'infiltraient derrière les cuvelages, avaient été peu à peu entraînées, et de grands vides s'étaient formés ; depuis plusieurs années cet état de choses était un danger pour toutes les exploitations de Denain, autant à cause de l'abondance des eaux des niveaux que par suite de la situation de la fosse à quelques mètres de la gare d'eau de Denain ; dès la fin de l'année de 1880, il avait pris un caractère très alarmant ; la masse d'eau qui passait à travers la base du cuvelage et par les fissures des maçonneries inférieures neutralisait le travail du ventilateur et renversait parfois l'aérage.

Il n'était tenu aucun compte de cette situation que l'on ne voulait pas reconnaître, et ce n'est qu'à la dernière extrémité (novembre 1881), alors que le puits était menacé d'une catastrophe plus terrible que celle de la fosse n° 2 de la Compagnie houillère de Marles, en 1866, que le serrement de la fosse fut décidé ; les travaux supérieurs des exploitations du Sud-Est de la fosse de Renard étaient déjà inondés, et plusieurs chantiers d'abatage avaient déjà dû être abandonnés, lorsque la fosse de *Jean-Bart* fut complètement fermée !

Les ouvriers habiles qui ont exécuté rapidement ce dangereux travail au milieu de torrents d'eau, ont eu la mort suspendue sur la tête pendant plusieurs jours, et c'est grâce à leur courage et à leur dévouement que la perte complète des travaux de Denain, de la fosse de *Rœulx,* et peut-être des travaux d'exploitation de la *Compagnie de Douchy*, a pu être évitée.

Après cette suppression forcée, l'aérage des travaux d'exploitation de la fosse de l'Enclos, déjà insuffisant, devint mauvais, et il fallut abandonner plusieurs chantiers ; le prix de revient des produits devint trop élevé, et c'est alors que l'approfondissement de la fosse fut décidé après l'arrêt complet de ses travaux.

Les chantiers d'abatage de la fosse de *Renard* s'étendent au Sud-Est et au Midi, et principalement au Sud-Ouest et à l'Ouest, dans la direction et sous le territoire d'Escaudain, ou ils déhouillent les belles plateures de la cuvette de Denain ; la forme générale de l'ensemble de ses exploitations peut être comparée à celle d'un immense éventail dont la fosse occuperait presque le sommet ; certains de ses chantiers d'abatage se trouvent à 3,000 mètres (*trois kilomètres*) du puits d'extraction ; *quinze cent cinquante ouvriers mineurs* sont occupés actuellement dans ses travaux, dont la superficie occupe près de 400 heclares de surface concédée.

Cette fosse comprend deux puits d'extraction ; mais la descente et la remonte des ouvriers se font par l'ancien puits seul, les cages du puits neuf n'étant pas disposées pour ce service. *La descente des 1,550 ouvriers mineurs demande près de quatre heures.*

Pendant l'année 1881, la fosse de Renard occupait 1,475 ouvriers mineurs, sur lesquels il y avait 500 ouvriers à la veine, c'est-à-dire 34 0/0 du nombre total ; sur les 1,500 ouvriers qu'elle occupait dans ses travaux d'exploitation en 1882 (1er semestre), il n'y a pas eu, en moyenne, 450 ouvriers employés à l'abatage du charbon;

c'est à peine 30 0/0 du nombre total des ouvriers mineurs de toutes catégories.

La surface moyenne déhouillée *par ouvrier mineur à la veine* et par descente s'est élevée à 2,32 mètres carrés en 1881 ; elle est de 2,15 mètres carrés pour le premier semestre de 1882.

La production moyenne journalière, en charbon extrait, *par ouvrier mineur à la veine*, était en 1881 de 1,830 k., et, avec le déchet de 8 0/0, 1,680 k.; pendant le premier semestre de 1882, elle s'est élevée à 1,880 k., et à 1,730 k., en tenant compte du déchet.

La production moyenne annuelle de l'ouvrier mineur, toutes catégories réunies, a été de 187 tonnes, et de 172 tonnes seulement avec le déchet de 8 0/0 ; pendant le premier semestre de 1882, elle a atteint à peine 85 tonnes brutes, et 78 tonnes nettes. L'extraction totale moyenne de l'année atteindra à peine 170 tonnes brutes, et 157 tonnes nettes *par ouvrier du fond.*

La dépense moyenne de main-d'œuvre, par tonne de houille extraite, était de 6 fr. 40 en 1881 ; elle s'est élevée à 6 fr. 70 pendant le premier semestre de 1882; en tenant compte du déchet, la dépense réelle de main-d'œuvre a été de 6 fr. 95 en 1881, et de 7 fr. 25 pour le premier semestre de 1882.

Le prix de revient total brut (*sans les frais généraux*) de la tonne de charbon tout-venant, sur le carreau de la fosse, a été de 9 fr. 50 en 1881; il a atteint 10 fr. 65 pendant le premier semestre de 1882 ; en tenant compte du déchet, le prix de revient réel total brut par tonne de houille extraite a été de 10 fr. 26 en 1881, et il a atteint 11 fr. 50 pour le premier semestre de 1882.

La fosse de *L'Enclos* a occupé, en moyenne, 500 ouvriers mineurs en 1881, dont 170 ouvriers à la veine ; pendant le premier semestre de 1882, elle en a occupé 420, sur lesquels il y a eu, en moyenne, 135 ouvriers à la veine.

La surface moyenne déhouillée *par ouvrier mineur et par descente* était de 1,77 mètre carré en 1881 ; en 1882 elle est tombée à 1,60 mètre carré.

La production moyenne brute, en charbon extrait, par ouvrier à la veine et par poste, était de 1,620 k. en 1881; en 1882, elle est tombée à 1,450 k.

La production moyenne totale annuelle *par ouvrier du fond* a été de 166 tonnes en 1881 et de 153 tonnes avec le déchet; pour le premier semestre de 1882 elle a été de 70 tonnes, et de 64 tonnes seulement en tenant compte du déchet.

La dépense moyenne brute de main-d'œuvre par tonne de charbon extrait a été de 7 fr. 05 en 1881, et la dépense réelle de 7 fr. 60; en 1882, la dépense brute a été de 8 fr. 35 et la dépense réelle de 9 fr.

Le prix de revient moyen total brut de la tonne de charbon tout-venant, sur le carreau de la fosse, était de 9 fr. 80 en 1881; en 1882, il a été de 11 fr. 80; les prix de revient réels, en tenant compte du déchet, ont été de 10 fr. 60 en 1881, et de 12 fr. 75 en 1882 (premier semestre).

La fosse de *Turenne* occupait 680 ouvriers mineurs en 1881, dont 245 ouvriers à la veine; en 1882 (premier semestre), leur nombre s'est élevé à 750, dont 260 ouvriers à la veine.

La surface moyenne déhouillée par ouvrier mineur à la veine, et par descente, était de 1,75 mètre carré en 1881; elle a atteint 1,77 mètre carré pour le premier semestre de 1882.

La production moyenne brute en charbon extrait, par ouvrier mineur à la veine et par poste, était de 1,320 k. en 1881 et la production réelle de 1,215 k.; en 1882 (premier semestre), la production moyenne brute a été de 1,140 k. par ouvrier à la veine et par poste, et la production réelle de 1,050 k.

La production moyennne brute totale annuelle, *par ouvrier du fond*, a été de 143 tonnes en 1881, et la production réelle de 132 tonnes; pendant le premier semestre de 1882, la production moyenne brute s'est abaissée à 59 tonnes, et la production nette à 54 tonnes; la production moyenne totale réelle de 1882 n'atteindra guère que 125 à 130 tonnes.

La dépense moyenne de main-d'œuvre par tonne de charbon extrait a été de 8 fr. 80 en 1881, et la dépense réelle de 9 fr. 50 ; pour le 1er semestre de 1882, la dépense brute a été de 9 fr. 95, et la dépense réelle de 10 fr. 75.

Le prix de revient total brut de la tonne de charbon tout-venant, sur le carreau de la fosse, a été, en 1881, de 13 fr. 10, et le prix de revient réel de 14 fr. 15 ; en 1882, le prix de revient total brut du premier semestre s'est élevé à 14 fr. 83 ; le prix de revient réel est de 16 fr. 5 cent., et pour l'année entière il dépassera très probablement 16 fr. 50.

La production totale brute des fosses de *Turenne*, de *L'Enclos* et de *Renard*, en charbon extrait, a été de 457,000 tonnes, et la production totale nette de 420,000 tonnes ; leur production totale brute a été de 200,000 tonnes pendant le premier semestre de 1882, et leur production nette de 184,000 tonnes; la production totale des exploitations de Denain atteindra à peine 420,000 tonnes pour l'année 1882.

Si les 2,500 ouvriers mineurs de toutes catégories qui sont actuellement occupés dans les travaux d'exploitation de Denain étaient répartis entre six fosses bien aménagées et en exploitation rationnelle, leur production totale annuelle réelle atteindrait facilement 620,000 tonnes au moins, dans les meilleures conditions de prix de revient.

Les 12,450 ouvriers mineurs de toutes catégories que la Compagnie d'Anzin occupe aujourd'hui dans ses travaux d'exploitation devraient être rationnellement répartis entre 26 sièges d'extraction; et, si leurs exploitations étaient bien aménagées et leurs travaux dirigés avec l'intelligence et les capacités indispensables qu'elles exigent, la production totale réelle annuelle des mines d'Anzin aurait dû atteindre, en 1881, *3,000,000 de tonnes* (trois millions) *au moins*, obtenues à de bons prix de revient.

L'extraction totale brute de la Compagnie d'Anzin a été de 2,294,000 tonnes en 1881, et sa production réelle de 2,100,000 tonnes; en 1882, la production totale réelle de ses mines n'atteindra guère que 2000,000 tonnes, malgré la mise à fruit des travaux neufs des exploitations de la fosse de *Lambrecht* dans une partie vierge du riche faisceau de *Thiers-Bleuze-Borne*.

La production moyenne totale brute en charbon extrait par ouvrier du fond, de la Compagnie d'Anzin, pendant l'année 1881, s'est abaissée à 209 tonnes, obtenues avec une dépense de main-d'œuvre de 6 fr. 34 par tonne extraite, supérieure de 0 fr. 70 à celle de 1880; mais, en tenant compte du déchet de 8 0/0 qui s'est produit sur l'extraction brute de 1881, la production réelle moyenne totale par ouvrier du fond n'est que de 192 tonnes, obtenues avec 6 fr. 84 de salaires par tonne.

Pendant l'année 1881, *la Compagnie d'Aniche* a obtenu une production totale moyenne réelle de 271 tonnes de charbon extrait avec une dépense moyenne de main-d'œuvre de 4 fr. 74 par tonne; *Douchy*, 261 tonnes, avec 5 fr. 76 de main-d'œuvre par tonne; *Vicoigne*, 272 tonnes, avec 3 fr. 95; *Fresnes-Midi-Thivencelles*, 275 tonnes, avec 4 fr. 96; *Azincourt*, 184 tonnes, avec 5 fr. 65 par tonne; *L'Escarpelle*, 309 tonnes, avec 4 fr. 67; *Dourges*, 216 tonnes, avec 5 fr. 96; *Courrières*, 310 tonnes, avec 3 fr. 84; *Lens*, 346 tonnes avec 4 fr. 07; *Bully-Grenay*, 323 tonnes avec 4 fr. 28; *Nœux*, 315 tonnes avec 4 fr. 24; *Bruay*, 261 tonnes avec 5 fr. 93; *Marles*, 292 tonnes avec 3 fr. 68; *Fléchinelle*, 170 tonnes avec 5 fr. 54; *Liévin*, 331 tonnes avec 4 fr. 62; *Vendin*, 232 tonnes avec 5 fr. 73; *Meurchin*, 300 tonnes avec 4 fr. 32; *Carvin*, 205 tonnes avec 6 fr. 48; *Ostricourt*, 300 tonnes avec 4 fr. 30; *Douvrin*, 187 tonnes avec 5 fr. 37 de salaires par tonne réelle extraite.

Les rapports annuels des ingénieurs en chef des mines des départements du Nord et du Pas-de-Calais donnent, pour l'année 1882, les résultats suivants obtenus par les différentes mines de houille de ces deux départements :

Dans le Nord,

Anzin a produit, par ouvrier du fond, 217 tonnes avec une dépense de main-d'œuvre de 6 fr. 05 par tonne de charbon extrait;

Aniche, 293 tonnes avec 4 fr. 56 par tonne de charbon extrait; *Escarpelle*, 322 tonnes avec 4 fr. 51 de main-d'œuvre par tonne; *Douchy*, 273 tonnes avec 5 fr. 85 de main-d'œuvre par tonne; *Vicoigne*, 300 tonnes avec 3 fr. 80 par tonne; *Fresnes-Midi-Thivencelles*, 301 tonnes avec 4 fr. 50 de main-d'œuvre par tonne; *Azincourt*, 192 tonnes avec 5 fr. 80 ;

Dans le Pas-de-Calais,

Dourges	a produit	215	tonnes	par ouvrier du fond
Courrières	—	325	—	—
Lens	—	343	—	—
Bully-Grenay	—	320	—	—
Nœux	—	305	—	—
Bruay	—	267	—	—
Marles	—	298	—	—
Ferfay	—	191	—	—
Fléchinelle	—	165	—	—
Liévin	—	333	—	—
Vendin	—	188	—	—
Meurchin	—	312	—	—
Carvin	—	212	—	—
Ostricourt	—	286	—	—

La dépense de main-d'œuvre par tonne extraite a été, pour chacune des mines du Pas-de-Calais, sensiblement la même que celle de 1881

La Compagnie d'Anzin, à la fin de 1882, se trouvait donc être, de toutes les mines de houille un peu importantes du Nord de la France, la plus mal partagée sous le rapport de la production et de la dépense de main-d'œuvre ; car, en tenant compte du déchet annuel qui atteint près de 5 0/0 en 1882, sa production réelle, par ouvrier du fond, n'est réellement que de 206 tonnes environ, obtenues avec une dépense de main-d'œuvre de 6 fr. 37 par tonne de charbon extrait.

Paris. — Imp. J. Kugelmann, 12, rue de la Grange Batelière.

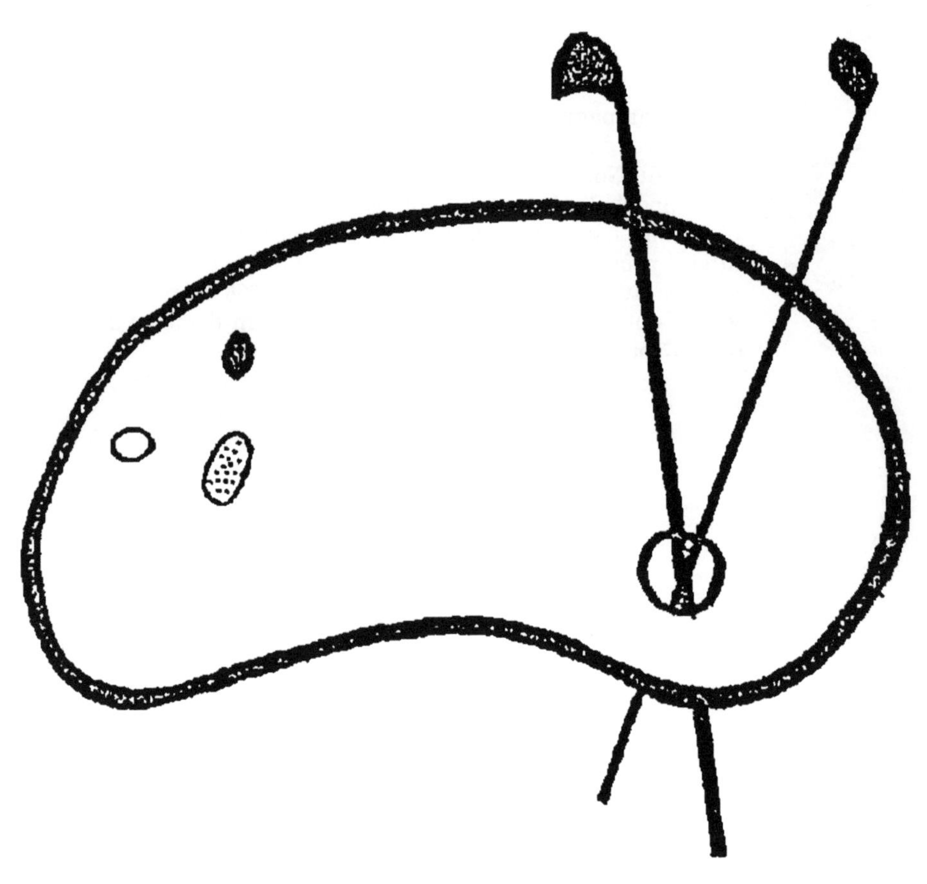

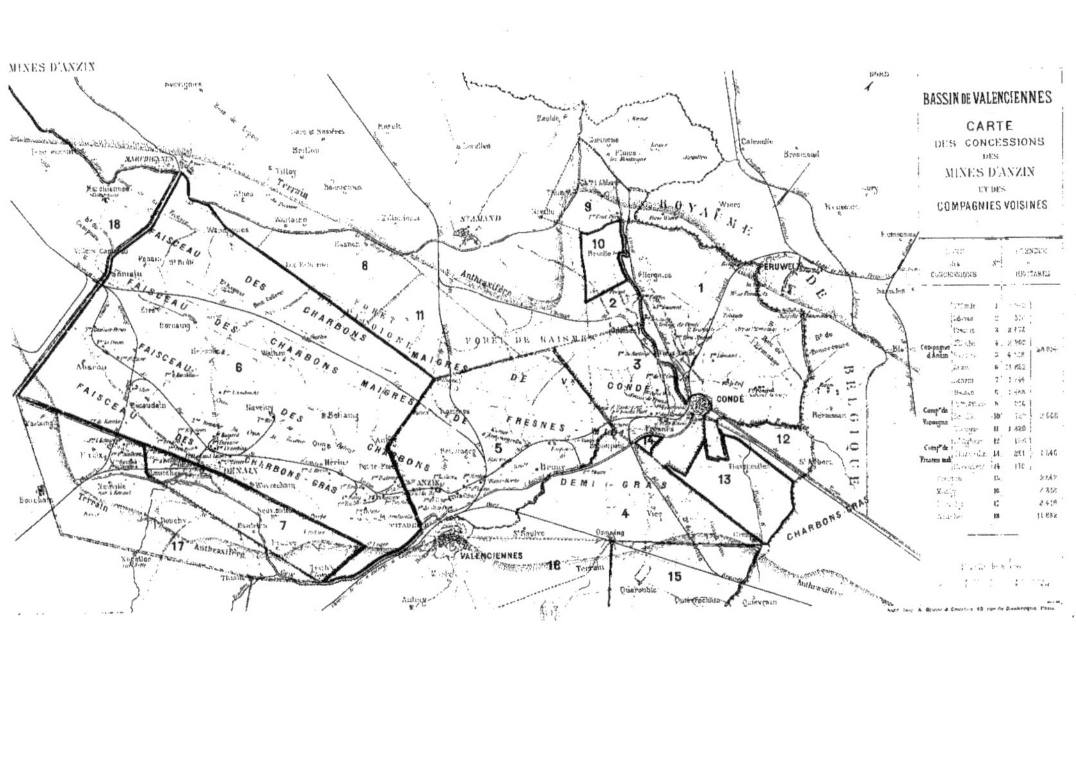
BASSIN DE VALENCIENNES
CARTE
DES CONCESSIONS
DES
MINES D'ANZIN
ET DES
COMPAGNIES VOISINES
CONCESSIONS
HECTARES
Compagnie d'Anzin
Compie de Vicoigne
Compie de Fresnes midi
FAISCEAU DES CHARBONS MAIGRES
FAISCEAU DES CHARBONS MAIGRES
FAISCEAU DES CHARBONS GRAS
FAISCEAU DE FRESNES
DEMI-GRAS
CHARBONS GRAS
FORÊT DE RAISMES
ROYAUME DE BELGIQUE
VALENCIENNES
CONDÉ
PERUWELZ
ANZIN
DENAIN
St AMAND
MARCHIENNES
Anthracifère
Terrain
NORD

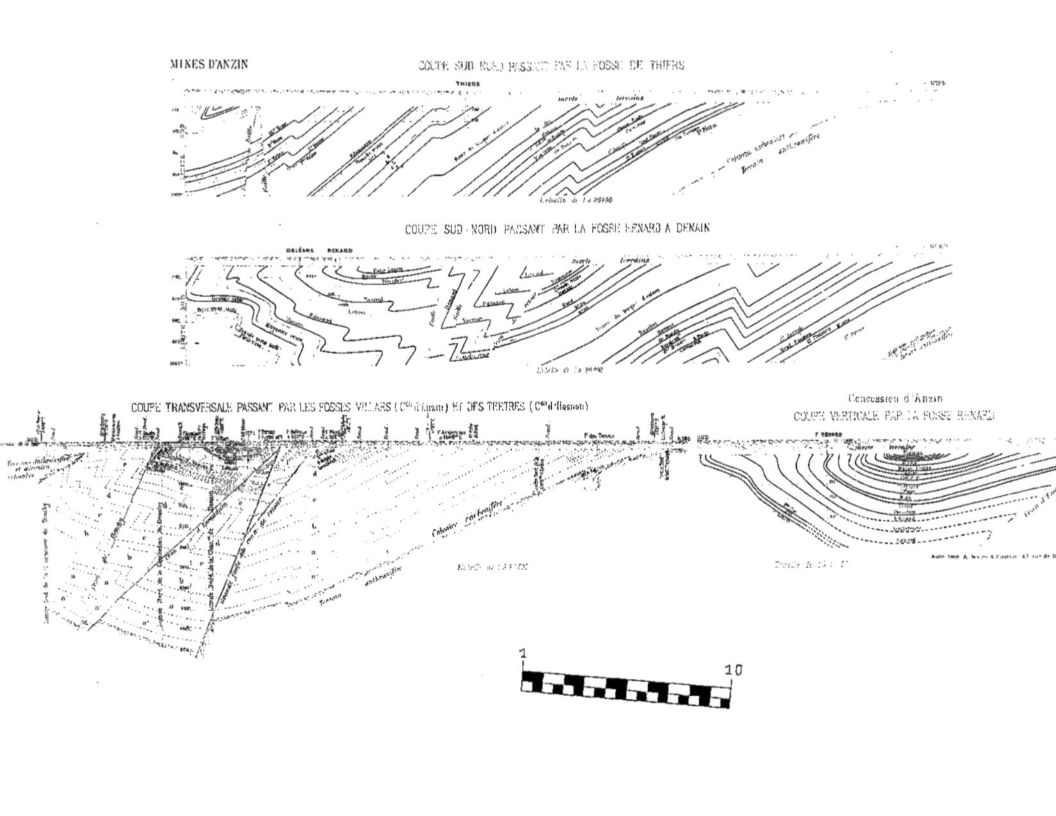
MINES D'ANZIN
COUPE SUD-NORD PASSANT PAR LA FOSSE RENARD A DENAIN
Concession d'Anzin
COUPE VERTICALE PAR LA FOSSE RENARD

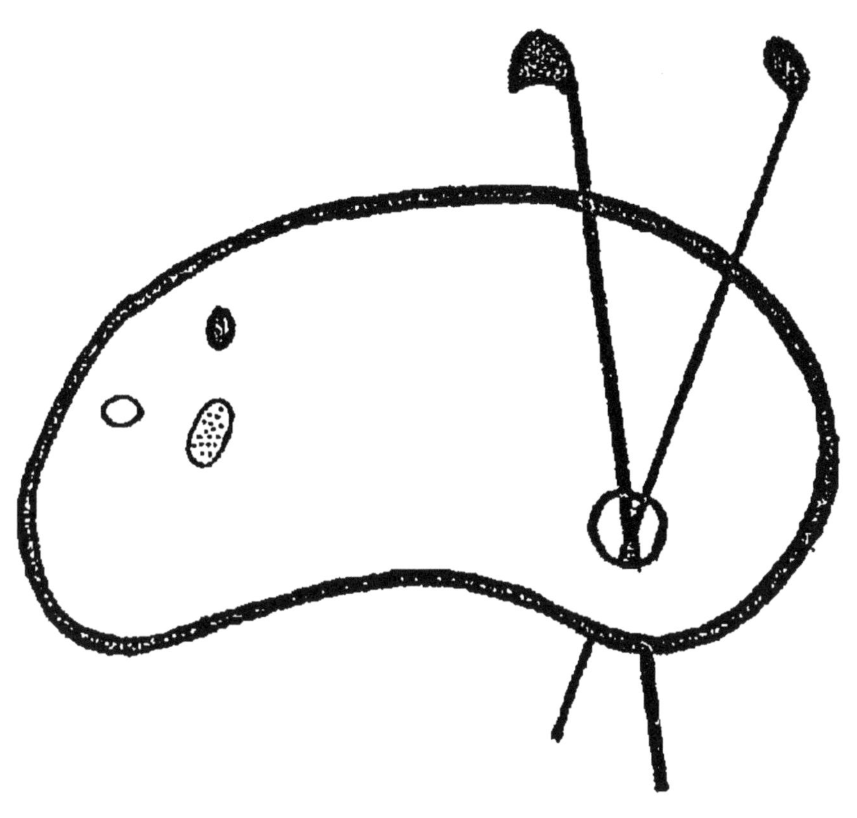

www.ingramcontent.com/pod-product-compliance
Ingram Content Group UK Ltd.
Pitfield, Milton Keynes, MK11 3LW, UK
UKHW012049240726
13965UKWH00003B/1144

9 782013 553889